C.A. de TIT de la UTSH, C.A. de ISO de la UAEH (Eds.)
Germán Reséndiz López

La Ciencia, la Tecnología y la Innovación en el Sector Industrial

C.A. de TIT de la UTSH, C.A. de ISO de la UAEH
(Eds.)
Germán Reséndiz López

La Ciencia, la Tecnología y la Innovación en el Sector Industrial

Educación y Ciencia como una cultura social

PUBLICIA

Imprint
Any brand names and product names mentioned in this book are subject to trademark, brand or patent protection and are trademarks or registered trademarks of their respective holders. The use of brand names, product names, common names, trade names, product descriptions etc. even without a particular marking in this work is in no way to be construed to mean that such names may be regarded as unrestricted in respect of trademark and brand protection legislation and could thus be used by anyone.

Cover image: www.ingimage.com

Publisher:
PUBLICIA
is a trademark of
International Book Market Service Ltd., member of OmniScriptum Publishing Group
17 Meldrum Street, Beau Bassin 71504, Mauritius

Printed at: see last page
ISBN: 978-620-2-43029-6

COMITÉ EDITORIAL

MENSAJE DEL CUERPO ACADÉMICO DE INGENIERÍA CIENCIAS E INNOVACIÓN TECNOLÓGICA

La Universidad Tecnológica de Tulancingo está comprometida con una formación profesional de educación superior sustentada en tres pilares:

I. Investigación y Tecnología, ya que la sociedad y el conocimiento funciona a escala global bajo paradigmas tecnológicos.
II. Innovación tecnológica, lo que supone utilizar al máximo las expresiones de imaginación y creatividad y
III. Calidad, como principio y fundamento de un quehacer académico que busca dar más de sí tras la excelencia.

Desde el año 2012, la Universidad Tecnológica de Tulancingo ha desarrollado proyectos de investigación e innovación tecnológica que le han permitido ubicarse como una de las cuatro mejores IES a nivel estatal en calidad académica y de investigación, destacando por sus esfuerzos encaminados a introducir el uso de tecnologías y equipamiento actualizado en el Proceso de Enseñanza Aprendizaje convirtiéndola en una institución de educación superior de vanguardia y líder en el uso de tecnologías tanto en el ámbito académico como de investigación.

Nuestra casa de estudios está en un permanente proceso de desarrollo, trabajando para fomentar una sociedad basada en la educación y el conocimiento.

El trabajo presentado en este libro es una fotografía del presente que representa nuestra visión del futuro, una muestra de la revolución del conocimiento que estamos viviendo.

CUERPO ACADÉMICO DE INGENIERÍA DE SISTEMAS ORGANIZACIONALES

Oscar Montaño Arango

Es doctor en ingeniería con especialidad en sistemas de planeación por la Universidad Nacional Autónoma de México. Actualmente es profesor-investigador del Área Académica de Ingeniería y Líder del Cuerpo Académico de Ingeniería en Sistemas Organizacionales en el Instituto de Ciencias Básicas e Ingeniería de la Universidad Autónoma del Estado de Hidalgo. Es miembro del Sistema Nacional de Investigadores Nivel 1 y perfil PRODEP. Su línea de investigación es el análisis, diagnóstico organizacional y la planeación de sistemas. Medio de contacto, correo electrónico: omontano@uaeh.edu.mx

José Ramón Corona Armenta

Es doctor en ingeniería de sistemas industriales por el Instituto Nacional Politécnico de Lorraine en Nancy, Francia. Actualmente es profesor-investigador del Área Académica de Ingeniería, en el Instituto de Ciencias Básicas e Ingeniería de la Universidad Autónoma del Estado de Hidalgo. Es perfil PRODEP. Su línea de investigación es el diagnóstico organizacional y la aplicación de los métodos multicriterio para la toma de decisiones. Medio de contacto, correo electrónico: jrcorona@uaeh.edu.mx

Antonio Oswaldo Ortega Reyes

Doctor en Ciencias Administrativas por el Instituto Politécnico Nacional.Postdoctorado en Consultoría Científica por el ISEOR de Francia. Maestro en Administración por Universidad La Salle, Maestría en Psicología Organizacional por la UNITEC, Licenciado en Administración Pública por la Universidad Autónoma del Estado de Hidalgo. Profesor certificado por la Universidad de Cambridge. Cuenta con diplomados en Desarrollo Humano, Desarrollo de Competencias Directivas, Psicología Organizacional, Docencia y Administración y Desarrollo Municipal. Por su tesis doctoral, obtuvo mención honorífica y el Premio Nacional a la Mejor Tesis de Posgrado 2010 que otorga el IPN.

Miembro de la Academy of Management (USA), de la Red Internacional de Investigadores en Competitividad, de la Red Internacional de Investigadores en Mercadotecnia, de la Asociación Latinoamericana de Sistémica y del Sistema Nacional de Investigadores. Consultor y capacitador administrativo por más de 20 años en Hidalgo y la región centro del país, registrado ante la STPS. Académico de la UAEH desde 1993, donde ha ocupado diversos cargos docentes, administrativos, de confianza y, actualmente, de investigación. Medio de contacto, correo electrónico: oswwaldoo@yahoo.com.mx

Héctor Rivera-Gómez

Estudio Ingeniería Industrial en la Universidad Autónoma del Estado de Hidalgo, UAEH, México. Recibió además el grado de Maestro en Ciencias en Ingeniería Industrial en la UAEH. En el 2014 obtuvo el grado de Doctor en Ingeniería de la École du Technologie Supérieure en Montreal, Canadá. Es profesor investigador en el Área Académica de Ingeniería, de la UAEH. Es miembro del cuerpo académico de Ingeniería de Sistemas Organizacionales, CAISO desde el 2014. Es autor de diversos artículos científicos. Es miembro activo del Sistema Nacional de Investigadores del CONACYT, México y Además cuenta con el perfil deseable PRODEP. Es miembro del SMIO, Sociedad Mexicana de Investigación de Operaciones. Su área de investigación está enfocada en el análisis, simulación y control de sistemas de producción, planeación en tiempo real de sistemas de manufactura y aplicación de la programación dinámica en estados discretos y continuos. Medio de contacto, correo electrónico: hriver06@hotmail.com.

Heriberto Niccolas Morales

Doctor en Planeación Estratégica y Dirección de Tecnología por la Universidad Popular Autónoma del Estado de Puebla (UPAEP). Maestría en Ingeniería (Planeación) por la División de Estudios de Posgrado de la Facultad de Ingeniería (DEPFI) de la Universidad Nacional Autónoma de México (UNAM). Licenciado en Computación por el Instituto de Ciencias Exactas de la Universidad Autónoma del Estado de Hidalgo (UAEH).Profesor Investigador del Centro de Investigación Avanzada en Ingeniería Industrial y Profesor de Tiempo Completo del Área Académica de Ingeniería y Arquitectura (AAIA) en el Instituto de Ciencias Básicas e Ingeniería(ICBI) de la Universidad Autónoma del Estado de Hidalgo (UAEH).

Ha desempeñado varios cargos de gestión y actualmente es colaborador del Cuerpo Académico Consolidado "Ingeniería de Sistemas Organizacionales" de la UAEH. Sus áreas de interés son: Prospectiva y estudios de futuro, Estrategia y competitividad de organizaciones, Pensamiento sistémico, Ingeniería de sistemas, Innovación, sustentabilidad y creación de valor, Técnicas heurísticas para la planeación y Desarrollo organizacional.
Medio de contacto, correo electrónico: hniccolasm@hotmail.com.

Eva Selene Hernández Gress

Tiene el Doctorado en Ingeniería Industrial, por la Universidad Autónoma del Estado de Hidalgo, cuenta con la Maestría en Ciencias con Especialidad en Ingeniería Industrial por parte del Tecnológico de Monterrey, Campus Estado de México, y es Ingeniera Industrial con Diplomado en Desarrollo Organizacional, egresada del Tecnológico de Monterrey, Campus Hidalgo. Actualmente es profesora-investigador del Área Académica de Ingeniería y es integrante del Cuerpo Académico de Ingeniería en Sistemas Organizacionales en el Instituto de Ciencias Básicas e Ingeniería de la Universidad Autónoma del Estado de Hidalgo. Es miembro del Sistema Nacional de Investigadores y cuenta con el perfil PRODEP.

Sus líneas de Líneas de Investigación son relacionadas con: El problema de reemplazo y la interferencia en máquinas utilizando programación lineal y dinámica, Análisis de sensibilidad de procesos markovianos de decisión utilizando la teoría de la perturbación matricial, el problema del agente viajero resuelto con Metaheurísticos y el problema de secuenciamiento de tareas resuelto con un problema de agente viajero. Medio de contacto, correo electrónico:

Jaime Garnica González

De formación profesional Ingeniero Industrial con especialidad en Sistemas y Planeación en la UAEH, Maestro en Ingeniería de Planeación en la UNAM y Doctor en Planeación Estratégica y Dirección de Tecnología en la UPAEP. Experiencia de 27 años en el medio educativo, y 20 años como consultor. Formación complementaria a través del Diplomado en Tecnologías para el Desarrollo de Sistemas en la Universidad Autónoma del Estado de Hidalgo, Diplomado en Cultura Organizacional en el Instituto de Administración Pública del Estado de Hidalgo (IAPH) y el Diplomado Harvard Manager Mentor en Harvard Business and Dextro. LLC. Cuenta con el perfil PRODEP y su participación como investigador es en más de 110 publicaciones. Actualmente es integrante del Cuerpo Académico de Ingeniería en Sistemas Organizacionales y Presidente del Capítulo de Ingeniería y Gestión de Sistemas de la Academia de Ciencias Administrativas A. C.

CUERPO ACADÉMICO DE TECNOLOGÍA DE INFORMACIÓN Y TELECOMUNICACIONES

El cuerpo académico está integrado por cinco profesores de tiempo completo adscritos al área de Tecnologías de la Información y Comunicación de la Universidad Tecnológica de la Sierra Hidalguense, en las cuales se comparte dos líneas de generación y aplicación innovadora del conocimiento en temas multidisciplinares con objetivos y metas académicos . Estas líneas de investigación refieren a Instrumentación y Pruebas ópticas; donde se investiga y desarrolla nuevas técnicas en la utilización de instrumentos para implementar soluciones prácticas e innovadoras. Igualmente se tiene la línea de investigación, Sistemas Computacionales; que tiene por objetivo desarrollar software y diseño de sistemas de telecomunicaciones que permitan optimizar procesos, generar conocimiento y tecnología.

Benito Canales Pacheco

Doctor en Ciencias por el Instituto Nacional de Astrofísica Óptica y Electrónica. Profesor Investigador de la Universidad Tecnológica de la Sierra Hidalguense con perfil deseable ante PRODEP. Actualmente es representante del Cuerpo Académico de Tecnología de Información y Telecomunicaciones. Realiza Investigaciones en temas relacionados con instrumentación, pruebas ópticas y análisis de franjas de interferencia. Igualmente trabaja en desarrollo de algoritmos para análisis de franjas.

León Felipe Austria González

Maestro en Ciencias en Ingeniería por el Instituto Politécnico Nacional. Profesor Investigador de la Universidad Tecnológica de la Sierra Hidalguense con perfil deseable ante PRODEP. Actualmente integrante del Cuerpo Académico de Tecnología de Información y Telecomunicaciones. Realiza Investigaciones en temas relacionados con electrónica, control digital, instrumentación en telecomunicaciones y pruebas ópticas. Igualmente trabaja en desarrollo de modelos electromecánicos con simulación numérica.

Gilberto Ortega García

Maestro en Tecnologías de la Información. Profesor de Tiempo Completo de la Universidad Tecnológica de la Sierra Hidalguense con perfil deseable ante PRODEP, 16 años de experiencia en educación superior en área de telecomunicaciones. Integrante del Cuerpo Académico de Tecnología de Información y Telecomunicaciones. Participa en proyectos de investigación en el área de telecomunicaciones y electrónica.

Raymundo Sergio Noriega Loredo

Maestro en Tecnologías de la Información y Comunicación por la Universidad Interamericana para el Desarrollo. Profesor de Tiempo Completo de la Universidad Tecnológica de la Sierra Hidalguense con perfil deseable ante PRODEP. Actualmente es miembro del Cuerpo Académico de Tecnología de Información y Telecomunicaciones. Realiza Investigaciones en temas relacionados con Test digital para la evaluación del aprendizaje significativo, Pruebas Ópticas y Sistemas Computacionales.

Luis Alberto Ruiz Aguilar

Ingeniero en Sistemas Computacionales y Estudiante de la Maestría en Dirección de Ingeniería de Software. Profesor Investigador de la Universidad Tecnológica de la Sierra Hidalguense, integrante del Cuerpo Académico de Tecnología de Información y Telecomunicaciones. Realiza Investigaciones en temas relacionados al Desarrollo de Software Aplicado en el área de Soluciones Web, Realidad Virtual (RV) y Realidad Aumentada (RA).

CUERPO ACADÉMICO DE INGENIERÍA, CIENCIAS E INNOVACIÓN TECNOLÓGICA (CAICIT)

MISIÓN

Contribuir a la enseñanza e investigación a la generación, avance y difusión del conocimiento para el desarrollo del país y de la humanidad, por medio formación de recursos humanos de excelencia académica y conciencia social y a través de la identificación y solución de problemas científicos y tecnológicos.

VISIÓN

El Cuerpo Academico de Ingeniería, Ciencias e Innovación Tecnológica forma parte del Departamento de Electromecánica Industrial de la Universidad Tecnológica de Tulancingo, como parte fundamental de su desarrollo institucional pretendemos desarrollar actividades que consoliden a la Universidad como una Institución de Educación Pública con un alto liderazgo a nivel nacional e internacional en el ámbito de la formación de recursos humanos y la investigación científica, el desarrollo tecnológico y la formación de recursos humanos dentro de las áreas cultivadasd en nuestra casa de estudios siempre comprometido con el desarrollo nacional a través de la promoción de valores sociales de solidaridad, creatividad y alta competitividad.

MIEMBROS FUNDADORES DEL CAICIT

Germán Resendiz López

Es profesor de tiempo completo del área electromecánica industrial de la Universidad Tecnológica de Tulancingo. Posee una Maestría en Ciencias en Energía Renovables (fotovoltaica) por el CIMAV, Chihuahua, obtuvo su título de Ingeniero Industria por la: Universidad Autónoma de Hidalgo. México y es especialista en Dirección de Empresas.

Originario de Pachuca, Hgo; México, formación profesional Ingeniero Industrial, Maestro en Ciencias en Energías Renovable (fotovoltaica), experiencia de 25 años en el medio educativo, 20 de ellos en educación superior y 17 años en el desempeño de profesor de Tiempo Completo. En el desarrollo de la Ingeniería Industrial y administrador 9 años en el área de seguridad industrial y el mantenimiento de tuberías y instructor de cursos de de educación continua 9 años.

Premios y distinciones

1. Es fundador y colaborador como subdirector de capacitación de la empresa Consultores Industriales y Asociados (1998-2000).
2. Participación en Educación Continua de la Universidad Tecnológica de Tulancingo.
3. Auditor Interno del Sistema de Calidad ISO 9000:2000 de la

Universidad Tecnológica de Tulancingo desde su diseño y certificación.

4. Afiliaciones: Miembro Fundador de la Asociación Mexicana de Ciencia de Sistemas.
5. Perfil PROMEP
6. Participación como autor o coautor de 20 artículos de investigación.

Noel Ivan Toto Arellano

El Dr. Noel Ivan Toto Arellano obtuvo el grado de Lic. en Física por la Facultad de Física e Inteligencia Artificial de la Universidad Veracruzana en 2002, el de Maestro en Ciencias por la Benemérita Universidad Autónoma de Puebla (BUAP) en 2005 y el de Doctor por la misma institución en 2008.

Realizo una estancia Posdoctoral en el Centro de Investigaciones en Óptica A.C. (CIO) de León, Guanajuato, del 2009 al 2011. Ingresó a la Universidad Tecnológica de Tulancingo en 2012, donde actualmente es profesor-investigador titular C, y nivel II en el Sistema Nacional de Investigadores. Dentro de las aportaciones que ha realizado a la educación científica nacional, contribuyo a la creación del primer programa educativo de Ingeniería en Fotónica en Iberoamérica, el cual se impartió en la Universidad Tecnológica de Tulancingo durante periodo comprendido del 2012 al 2016.

Sus líneas de investigación incluyen básicamente tres áreas relacionadas con la Óptica: el desarrollo pruebas no invasivas con sistemas laser, holografía y la interferometría dinámica, esta última le ha consolidado como investigador, lo que le ha permitido la creación de infraestructura, como el Laboratorio de Óptica, lo cual ha contribuido al fortalecimiento y posicionamiento la Universidad Tecnológica de Tulancingo como la cuarta Institución de Educación Superior en calidad de investigación a nivel estatal (Ranking Iberoamericano SIR).

Es autor de 38 publicaciones en revistas indexadas en el Journal Citation Reports (JCR), 20 publicaciones arbitradas, 5 capítulos de libros, tres libros editados, dos artículos de divulgación y posee 2 registros de patentes. Ha impartido clases ininterrumpidamente desde 2008, primero como ayudante de profesor de 2008 a 2009 en la BUAP, como profesor de 2009-2012 en el posgrado en Óptica y Optoelectrónica del CIO, y del 2012 a la fecha en los diferentes programas de ingeniería adscritos al área de Electromecánica Industrial de la Universidad Tecnológica de Tulancingo; como docente ha consolidado dos cuerpos académicos y posee el Perfil Deseable otorgado por el PRODEP, desde el 2013 y vigente hasta el 2019. Ha participado en la organización de tres congresos internacionales, formado parte del comité organizador del Año Internacional de la Luz, por parte de la Academia Mexicana de Óptica, presentado 10 conferencias invitadas y 16 ponencias en congresos, posee dos medallas a la innovación otorgadas por el Instituto Mexicano de la Propiedad Industrial.

En su institución ha realizado labores de divulgación y difusión del conocimiento científico o tecnológico, a través de proyectos con fondos institucionales y proyectos patrocinados por el Consejo de Ciencia, Tecnología e Innovación de Hidalgo (CITNOVA), realizando talleres de ciencias para jóvenes y niños, observaciones astronómicas y eventos varios durante todos los años y dentro de la Semana Nacional de Ciencia y Tecnología. Bajo su dirección se han concluido ocho tesis de licenciatura y dos de doctorado. Actualmente dirige una tesis de maestría, una de doctorado y 5 de licenciatura.

COLABORADORES

Dr. Juan Manuel Islas Islas

Juan Manuel Islas Islas realizo sus Estudios en Licenciatura en Física en el Instituto de Física de la División de Ciencias Naturales y Exactas de la Universidad de Guanajuato, Campus León, Gto(), sus estudios de Maestria en Ciencias (Astrofísica) en el Departamento de Astronomía de la Universidad de Guanajuato, Campus Valenciana, Guanajuato, Gto(). Se doctoro en el xxx por el Departamento de Astronomía de la Universidad de Guanajuato, Campus Valenciana, Guanajuato, Gto.

Áreas de Conocimiento

• Astrofísica Extragaláctica - Evolución de galaxias en sistemas densos; Cosmología Observacional; Astro-estadística.
• Ciencias Atmosféricas, modelos estadísticos y sistemas de Pronóstico Climatológico
• Agentes Físicos en Fisioterapia
• Infecciones intra-hospitalarias asociadas al personal de salud.

Experiencia Docente

2 años en el Instituto Profesional en Terapias y Humanidades (IPETH, Puebla, Pue.)
Área de Terapia Física (4 Tesis de Licenciatura Dirigidas)

4 años en la Universidad Tecnológica de Tulancingo
Área Electromecánica Industrial - Fotónica, Nanotecnología, Energías Renovables, Tecnologías de la Producción, Mecatrónica.
Área de Enfermería (Matemáticas, Estadística y Metodología de la Investi-
gación con 22 Tesinas de TSU dirigidas.
Área de Criminalística (Elaboración del programa de la asignatura Territorio y Clima)
Área de Terapia Física (Dirección académica de 2 Tesinas de TSU binarias)

Investigación y desarrollo de proyectos
Publicaciones en Revistas indexadas internacionales 5
Publicaciones en Memorias de Congresos 10

Luis García Lechuga

Tiene el grado de Doctor en ciencias en Ingeniería Industrial por la UAEH, es Miembro del Sistema Nacional de Investigadores (SNI) nivel C.

Director del Área Electromecánica Industrial en la Universidad Tecnológica de Tulancingo, dirige las carreras de Ingeniería Industrial, Mecatrónica, Nanotecnología y Energías Renovables.Al frente de la Dirección de electrómecánica en el periodo de 2012 a la fecha se ha logrado alcanzar el nivel de: CONSOLIDADO reconocidos por el PRODEP (programa para el desarrollo del personal docente) de los s dos Cuerpos académicos del área electromecánica, ha impulsado la transferencia de tecnología a través del desarrollo de proyectos y prototipos innovadores, llegando a la fecha a ser partcipe en ocho solicitudes de patente ante el Intituto Méxicano de la Propiedad Industrial (IMPI). Ha participado representando a Hidalgo y México en diversos torneos de robótica a nivel Mundial, en Dallas, Texas; Anaheim California y Luis Ville en Kentocky. Es evaluador activo a nivel nacional por el Concejo de Acreditación de la Enseñanza de la Ingeniería (CACEI).

Alfonso Rios Angeles

Egresado de la Escuela Nacional de Agricultura ahora Universidad Autónoma Chapingo, en el año de 1974. Inmediatamente incursionó en puestos administrativos en la Universidad recorriendo desde la Subjefatura Administrativa del Departamento de fitotecnia, Subjefe Académico de la Preparatoria Agrícola, Director General Académico y **RECTOR** de la Universidad Autónoma Chapingo (1982).

Mediante un examen de oposición frente al Consejo Departamental de Fitotecnia, es nombrado Subjefe Administrativo de Fitotecnia. En ese período se mejoró la asistencia y cumplimiento en los horarios de clase, se inició con un proceso de adquisición de equipos, como lo fue el primer espectrofotómetro de emisión atómica, cámaras de atmósfera controlada, construcción de invernaderos y una serie de equipos y aparatos que ayudaron a realizar investigaciones y trabajos experimentales con la más alta tecnología en esos años y que permitió ser vanguardia en los aspectos de investigación y de experimentación agrícola, todo al servicio del proceso de enseñanza aprendizaje en beneficio de los alumnos

Se trabajó con diferentes agentes químicos y se irradiaron plantas con rayos gamma en una Planta de Cobalto 60, que se encontraba en la UNAM, para irradiar y provocar mutaciones en diferentes variedades de plantas, y fue mediante este proyecto que obtuvo su título de Ingeniero Agrónomo Especialista en Fitotecnia, mediante un trabajo de tesis en donde se analizó la flor *Dalia variabilis*, sometida a bombardeos de rayos gamma y un agente químico llamado *colchicina* para provocar modificaciones en la planta.

Posteriormente el Consejo Universitario a propuesta del Rector lo nombró Director General Académico en el año de 1978. Esto lo llevaría a competir en una elección democrática mediante el voto universal, directo y secreto al máximo puesto al que podría aspirar: **Rector de la Universidad Autónoma Chapingo.**

Como Director General Académico, ya había propuesto varios

cambios y alternativas de mejoramiento a los Reglamentos Académico y de Profesiones, a los métodos y mecanismos de evaluación, a los aspectos pedagógicos, a la metodología de los viajes de estudio, a los Centros Regionales. Ya como **RECTOR** participó en diferentes reuniones a nivel nacional en temas relativos a buscar alternativas de mejoramiento en la Educación Superior y la Investigación en las universidades mexicanas, se impulsaron diferentes publicaciones de la Universidad, se intensificaron actividades como Foros, Cursos y Talleres con temas muy diversos con la participación de muchas dependencias como el Instituto Indígena Interamericano, el Colegio de Postgraduados, la ONU, la UNAM, el IPN, las diferentes Escuelas, Institutos y Universidades relacionadas con la Agronomía; así como en diferentes Congresos y Convenciones. Se propició también la modificación en los viajes de estudio a las diferentes zonas de nuestro país buscando un mejor aprovechamiento de los recursos y tiempos de estancia y recorrido. Durante su gestión, se recibieron en intercambio o en visitas a diferentes grupos de estudiantes y de profesores en su año sabático de muy diversas Escuelas, Institutos, Universidades o Facultades de toda la República Mexicana y del extranjero.Se firmaron Convenios de Colaboración con Dependencias Gubernamentales, con Organizaciones de la Sociedad Civil tanto del país como del extranjero, así como con diferentes Instituciones de Educación Superior.

Asimismo, se logró el financiamiento en diferentes Proyectos con el

CONACYT, desde Investigación Agronómica Regional hasta el apoyo a diferentes Profesores de la Universidad a muy diversas áreas y puntos del país y del mundo. De igual modo, se implementó el Jardín Botánico en el Centro Regional de Puyacatengo, Tabasco. Se impulsaron diferentes Proyectos Productivos en Fruticultura, Café, Caña de Azúcar, Potencial de Peces y Reptiles, Crustáceos, Colecta e Introducción de Plantas Forrajeras, Sistemas Forestales, Mejoramiento del hato lechero en la Granja de la Universidad con la utilización de implante de embriones, Producción de leche en Rejeguería, (sistemas semi-intensivos y extensivos de ganadería de doble propósito), se impulsó el Museo Tecnológico dependiente de Difusión Cultural.

Posteriormente mediante nombramiento que le otorgó el Presidente de la República, Lic. Miguel de la Madrid Hurtado, ocupó el cargo de Director General de la Promotora del Maguey y del Nopal (1984), Organismo Público Descentralizado de la S.A.R.H. (ahora SAGARPA) trabajando principalmente en los estados de Hidalgo, Tlaxcala, Puebla, Querétaro y San Luis Potosí, promoviendo plantaciones de maguey y nopal así como diferentes proyectos para su aprovechamiento integral.

Se propusieron más de cien proyectos en la producción de papel seguridad, miel de aguamiel, producción de fructosa, pulque enlatado, aprovechamiento del mixiote y muchos más a partir del maguey, así como elaboración de productos para la fabricación de pinturas, cosméticos, productos tolerantes para diabéticos, dulces, entre muchos otros a partir del nopal.

Participó ya en la SARH ahora SAGARPA en la creación de la Subdelegación de Agricultura en el Estado de Hidalgo en 1989, fungiendo como el primer Subdelegado hasta que a partir del 1° de abril de 1993 fue invitado a colaborar en el Gobierno del Estado de Hidalgo con el que fuera el Gobernador Lic. Jesús Murillo Karam y para el 4 de Julio de 1994, participó en la creación del Consejo Hidalguense del Café y fue nombrado Coordinador General de este nuevo Organismo y ratificado como Director General del mismo hasta el 31 de marzo del 2005.

Participó en Programas de apoyo a la producción, organización, comercialización, capacitación, créditos y establecimiento de infraestructura en el proceso de beneficiado húmedo y seco del café, así como apoyos en el establecimiento de marcas de café a diferentes Organizaciones de Productores.

En este Consejo Hidalguense del Café, promovió conjuntamente con el Gobierno Federal y Estatal montos que superaron los 200 millones de pesos durante su gestión, en diferentes Programas desde el fomento de plantaciones de café hasta el equipamiento de infraestructura para el proceso de beneficiado húmedo y seco del café.

Obtuvo el Grado de Maestro en Ciencias con el trabajo de Tesis “Potencial Productivo de Combinaciones de Variedades de Café (Coffea arabica L.) en la Región Otomí-Tepehua del Estado de Hidalgo” en el Colegio de Postgraduados en el área de Recursos

Genéticos y Productividad, Montecillo, Texcoco Edo. de México. (2006)

En el aspecto gremial ha participado en diferentes Organizaciones y Asociaciones Políticas y Gremiales, destacando que desde el año de 1993 y hasta el 2005 fungió como Delegado Especial y como Presidente del Colegio de Ingenieros Agrónomos en el Estado de Hidalgo.

Ha tomado Cursos y Diplomados en participación Política y de actualización en diferentes aspectos técnicos en países como Colombia, Cuba y ha participado en firma de Convenios en Alemania, Polonia, Brasil, Perú, Ecuador, Francia, entre otros.

Ha sido Asesor del C. Gobernador del Estado de Hidalgo colaborando como Enlace ante las Comisiones de la Conferencia Nacional de Gobernadores, (CONAGO). (2007-2009)

Subsecretario de Comercialización e Información de la Secretaría de Agricultura y Desarrollo Rural del Gobierno del Estado de Hidalgo (2009-210).

Posteriomente y con el mismo nivel colaboró como Asesor en la Secretaría de Desarrollo Social y colaboró en la misma SEDESO como Director General de Prospectiva y Planeación de los Programas Sociales. (2010-2017).

Colaboró como Asesor de la Comisión de Agricultura y Sistemas de Riego de la LXII Legislatura de la Cámara de Diputados del H. Congreso de la Unión. (2013-2015).

Fue nombrado Director General de Vinculación y Fortalecimiento

Institucional de la Subsecretaría de Educación Media Superior y Superior a partir del mes de Febrero del 2017 cargo en el que continúa hasta la fecha.

Fue miembro del Consejo Consultivo Ciudadano del Estado de Hidalgo, fungiendo como Presidente de la Comisión de Agricultura, Ganadería, Forestal, Avícola y Pesca. (2011-2017).

Fue nombrado mediante el método democrático de participación ciudadana Presidente del Consejo de Colaboración Municipal en la Colonia Céspedes en el Municipio de Pachuca, Hgo. (2009-2016).

Es actualmente el Presidente de los Egresados de la Universidad Autónoma Chapingo en el Estado de Hidalgo (ANECH).

AGRADECIMIENTOS

El Comité Organizador agradece al Comité Técnico por su valioso apoyo para la revisión de los trabajos seleccionados.

Dr. David Serrano García, Center for Optical Research and Education (CORE), Utsunomiya University, Japan.

Dr. Gustavo Rodríguez Zurita, Facultad de Ciencias Físico Matemáticas de la Benemérita Universidad Autónoma de Puebla.

Dra. Areli Montes Pérez, Facultad de Ciencias Físico Matemáticas de la Benemérita Universidad Autónoma de Puebla

Dr. Victor Hugo Flores Muñoz, Departamento de Ingeniería Robótica, Universidad Politécnica del Bicentenario, Silao Gto., México.

TABLA DE CONTENIDO

SECCIÓN I. LA IMPORTANCIA DE LA VINCULACIÓN EN LAS UNIVERSIDADES TECNOLÓGICAS

ALCANCES DE LA PRIMERA SEMANA NACIONAL DE VINCULACIÓN

Jackeline Aldrete Ocádiz
Universidad Tecnológica de Tulancingo

Red estatal de PLM

Con la participación de Instituciones de Educación Media Superior y Superior, autoridades estatales y federales, empresarios, y la comunidad universitaria de la Universidad Tecnológica de Tulancingo (UTec), se llevó a cabo la Primera Semana de Vinculación UTec 2016, Alianzas Estratégicas para la Competitividad, en la que se realizaron diferentes actividades en torno a seis ejes temáticos: la innovación universitaria en el emprendimiento, clave para el desarrollo; internacionalización para la competitividad; capacitación y certificación de los empleados y empleadores en México; alianzas estratégicas en el sector educativo del estado de Hidalgo para el desarrollo social.

El primer día se contó con la participación de 700 estudiantes de educación superior y 50 de educación media, así como profesores de tiempo completo y directores de las siguientes instituciones: Universidad Politécnica Metropolitana del Estado de Hidalgo (UPMH), Universidad Tecnológica de la Sierra Hidalguense (UTSH), Universidad Tecnológica de Tula Tepeji (UTT), Universidad Tecnológica de la Huasteca Hidalguense (UTHH). Se tuvo un panel con la presencia del presidente de la Cámara Franco Mexicana, Ing. Alfred Rodríguez, el Dr. Gunther Barajas, vicepresidente de Dassault Systemes, Mtro. Jorge Armando Llamas

Esparza, Rector de la Universidad Tecnológica de Aguascalientes y Presidente Nacinoal de PLM . Asimismo se efectuaron tres talleres sobre PLM impartidos por los expertos, Diego N. Franco Olmedo, José Antonio Zarco Rebollar, ambos gerentes de producto, y el Mtro. Jean Jacques Billeres *experto PLM del Ministerio de la Educación Nacional de Francia.* Como parte de las actividades importantes del día, los rectores de la UTec, UPMH, UTSH,UTT y UTHH firmaron convenio de colaboración para conformar la Red Estatal de PLM con la que se iniciaron los trabajos en dicho tema.

El rol de la internacionalización en la educación superior

El segundo día se contó con la participación de 600 estudiantes de educación superior, coordinadores de Movilidad Internacional de las instituciones Universidad Politécnica de Tulancingo, UPMH, UTSH, y el Instituto Tecnológico Superior del Occidente del Estado de Hidalgo (ITSOEH) Se tuvo un panel con la participación del Mtro. Omar Zapata de Santiago, Responsable de la Subdirección de Cooperación Internacional de la Coordinación de Universidades Tecnológicas; Mtra. Iraís Barreto Canales, Subdirectora de Asuntos Especiales de América Latina; Mtra. Heather Zissler, Directora de Programas y Capacitación de Peace Corps; Ing. Alfred Rodríguez, Presidente de la Cámara de Comercio Franco-Mexicana. Asimismo se realizó un foro con estudiantes de intercambio quienes platicaron su experiencia en el programa de movilidad.

La innovación universitaria en el emprendimiento clave para el desarrollo

En el día de emprendimiento se tuvo la exposición de ocho proyectos emprendedores de las siguientes instituciones: UTP, UPP, ITSOEH, UPMH, UTSH, UTTT, los cuales se presentaron ante instancias de financiamiento del INADEM, Secretaría de Economía y Nacional Financiera. El evento estuvo enmarcado por la conferencia magistral impartida por el Lic. Tonatiuh Salinas Muñoz, Director General Adjunto de Banca Emprendedora de Nacional Financiera. Se contó con la participación de 350 estudiantes de educación superior.

Habilidades sociales para la competitividad

Temática transversal a todos los programas educativos es el Desarrollo de Habilidades Sociales, por lo que el cuarto día de la tema se tuvieron dos importantes conferencias: *Nuevos Modelos de Negocios basados en Tecnologías*, impartida por Alejandro Martínez Ramos MICROSOFT y *Educación y Proyección del Profesionista, ¿Cómo te vendes?* Impartida por Juan Manuel Aguilar, Coordinador de Logística INBURSA y Edgar López Hernández, Asesor Financiero INBURSA. Se tuvo la participación de 700 estudiantes.

Alianzas estratégicas para el desarrollo

La Semana de Vinculación concluyó con el tradicional desayuno para entregar reconocimientos a los sectores productivo, educativo y social que coadyuvan al quehacer académico de nuestra institución en materia de servicios de vinculación como lo son las estadías, bolsa de trabajo, movilidad internacional y educación continua. Se contó con la presencia del Subdirector del Hospital Central Militar General Brigadier Médico Cirujano Rodolfo Mejía López en representación del Secretario de la Defensa Nacional, General Salvador Cienfuegos Zepeda, el Mtro. Juan Carlo Erreguenera Albaitero Director General Adjunto de Promoción y Desarrollo del Consejo de Normalización y Certificación de Competencias Laborales (CONOCER), entre otras distinguidas personalidades. Recibieron reconocimiento 15 empresas entre las que destacan: Bombardier Transportation, Texnova, Awissmex-Rapíd S.A de C.V, A.S.F K de México, CFE, Arcelormital, Cajaplax, Grupo Industrial Morgan; 5 instituciones de salud: Hospital Central Militar de la SEDENA, Hospital General de Zona 2 IMSS TUlancingo, Hospital General de Tulancingo, entre otros. 4 centros de investigación entre los que destacan, El Centro de Investigación en Materiales Avanzados de Chihuahua, Centro de Investigación y Desarrollo Tecnológico en Electroquímica, S,C, CIDETEQ y 8 instancias gubernamentales.

En el marco de la capacitación y certificación se ofreció la conferencia La certificación de competencias laborales y la profesionalización de los empleados, impartida por el maestro Juan Carlos Erreguerena Albaitero, Director General Adjunto de Promoción y Desarrollo del Consejo de Normalización y Certificación de competencias Laborales (CONOCER), se tuvo la participación de presidencias municipales, empresarios, docentes, alumnos, con un aforo de 200 personas, con el objetivo de sensibilizar y difundir la ventajas que ofrece la certificación de los empleados para incrementar la productividad y competitividad de la región.

Otra actividad relevante fue la conformación de la Red de Gestión para el Desarrollo de Capital Humano, que tiene el objetivo de impulsar la formación hacia una dirección que armonice las necesidades de las personas, las empresas y la sociedad en general e impulsar la profesionalización de los colaboradores en el sector público y de sus usuarios a través de cursos de capacitación, creación de centros de evaluación, certificación de competencias laborales y consultorías para la gestión de proyectos de inversión y productivos. Las metas establecidas para el desarrollo de la Red son:

-Certificar al 100% de los colaboradores en dos estándares de competencia: función general y función específica con un crecimiento anual de 15 al 20%

-Certificación de 20 usuarios por año, para generar una cultura de certificación.

-Establecer una Entidad de Certificación o Centro de Evaluación en cada institución de educación medias superior y superior como alternativa de solución para atender certificaciones específicas de los usuarios.

-Ejecutar 20 proyectos anuales para promover el desarrollo de proyectos productivos y de inversión.

Las instancias participantes en el marco de la Semana Nacional de Vinculación fueron: Presidencia Municipal de Santiago Tulantepec de Lugo Guerrero, Presidencia Municipal de Acaxochitlán, Presidencia Municipal de Acatlán y Universidad Tecnológica del Valle del Mezquital; sin embargo, la

Red contempla una estructura integrada por presidencias municipales, instituciones de educación superior, media superior y básica, motivo por el cual se están integrando nuevas instituciones como la Universidad Tecnológica de la Huasteca Hidalguense, La Universidad Politécnica de Pachuca, la Presidencia Municipal de Agua Blanca, CECATI 123 y Conalep que se encuentran en proceso de integración.

SECCIÓN II. METROLOGÍA PARA APLICACIONES INDUSTRIALES

CAPÍTULO 1. DESENVOLVIMIENTO DE LA FASE BASADO EN UN SISTEMA DE DOBLE ILUMINACIÓN CON APLICACIÓN EN MICROSCOPIA HOLOGRÁFICA DIGITAL

Martín Hernández Romo, Erick Guzmán Ramírez, Alfonso Padilla Vivanco, Universidad Politécnica de Tulancingo, 100 Calle Ingenierías, 43612, Tulancingo de Bravo, Hgo., México. E-mail: erickram2@hotmail.com

1.1 Introducción

La holografía es una técnica que produce una imagen tridimensional de los objetos, la cual contiene toda la información de la escena incluyendo la profundidad. Debido a que todos los materiales de registro responden solo a la intensidad de la imagen, es necesario recuperar la información de fase desde las variaciones de intensidad registradas[1]. El proceso para la recuperación de la amplitud y la fase del objeto se divide en dos etapas. En la primera etapa, se graba un patrón de interferencia también conocido como filtro holográfico. Mientras que en la segunda etapa o etapa de reconstrucción, el filtro holográfico es iluminado con un fuente de luz coherente lo que conlleva a obtener la amplitud compleja codificada en la pirmer etapa. Actualmente, con el avance tecnológico ha sido posible dejar atrás la holografía analógica dando paso a la holografía digital en la que el proceso fotoquímico convencional de la holografía es reemplazado por imágenes electrónicas y procesamiento digital, trayendo una nueva gama de aplicaciones.

La holografía digital ofrece numerosas ventajas, como la rápida adquisición de hologramas, la disponibilidad de información completa de amplitud y fase del campo óptico, además de la versatilidad de las técnicas de procesamiento de imágenes[2]. La eficiencia de la holografía digital depende en gran medida de la resolución del sensor electrónico utilizado para registrar los filtros holográficos. El desarrollo adicional de los sistemas optoelectrónicos y el procesamiento de datos impulsó la holografía digital a nuevas perspectivas: se aplica a distorsiones ópticas[3], mediciones[4], microscopios[5-8] y para investigaciones de fluidos en líquidos y gases[9]. Debido a la importancia que la holografía digital ha ido ganando adeptos en diferentes áreas como la microscopía óptica, donde es útil no solo poder ver los diferentes organismos en un plano sino también poder observar y medir en tres dimensiones[10]. Por lo tanto, en este trabajo es de interés el análisis de técnicas para la reconstrucción de filtros holográficos como lo es la Transformada Wavelet Gabor[11-14]. Esto debido a que, en técnicas clásicas tales como el método de la integral de difracción de Fresnel, o el método del análisis del espectro angular[15], es necesario realizar un procesamiento adicional de filtrado espacial para imágenes de orden cero y/ó las imágenes gemelas, así como, el ruido existente en el patrón de interferencia. Contrariamente, en el método de coeficientes Gabor Wavelet es posible reconstruir el frente de onda del objeto desde el plano del holograma eliminando el proceso de filtrado espacial.

En este trabajo se reporta la Transformada Wavelet de Gabor (GWT) utilizada como método de recuperación numérica en la etapa de reconstrucción y los resultados se comparan con la técnica clásica del Análisis del Espectro Angular (ASM). El desenvolvimiento de la fase se lleva acabo con una técnica basada en el uso de dos longitudes de onda. Como caso de estudio se utiliza una muestra de origen biológico. Por último, imágenes de recuperación de fase son mostradas experimentalmente

1.2 Sistema de Grabado Holográfico

La técnica de grabado contiene la información de dos fuentes de luz con longitudes de onda distinta. Debido a esto, podemos registrar diferentes características y propiedades de la misma muestra. También la diferencia de frecuencia es utilizada para la reconstrucción del mapa de fase final, debido a que, el algoritmo requiere dos mapas del cual se obtiene el termino esférico a remover. Los experimentos se realizan con un sistema basado en un interferómetro Mach-Zehnder modificado, el cual es mostrado en la Figura 1.1. Teniendo en cuenta una geometría de transmisión, el sistema de iluminación esta compuesto por de dos láseres de baja potencia (632.8nm y 543nm), seguidos por un filtro espacial **SF** y una lente positiva **L**, donde las dos fuentes de luz se encuentran unidas por el divisor de haz **BS1**. Asimismo, el BS1 es responsable de separar la luz resultante en los dos brazos del interferómetro (brazo de referencia y brazo del objeto), cada brazo tiene a su vez cuneta con un objetivo de microscopio con una potencia de aumento de 10X **OM**. En el brazo objeto, se coloca la muestra a estudiar **M**. Ambos brazos son unidos por el divisor de haz **BS2** para generar el patrón interferencia. Finalmente, se realiza un ajuste de iluminación con un conjunto de polarizadores **P** lo que da lugar a la imagen que es registrada por un sensor **CCD**.

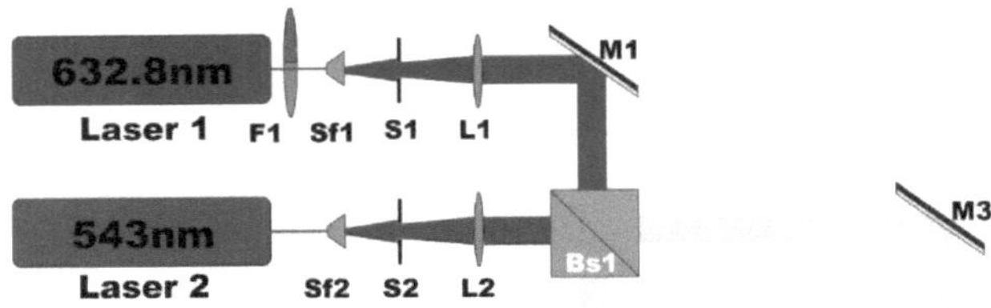

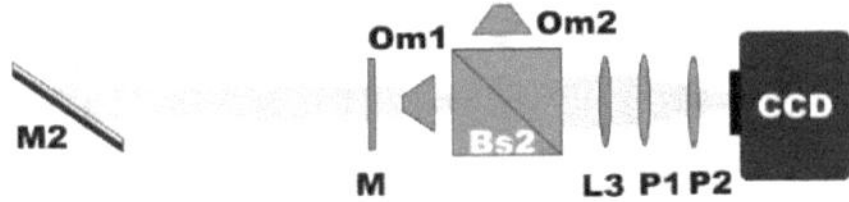

Figura 1.1. Sistema de microscopia holográfica digital con dos longitudes de onda.

1.3 Método de Reconstrucción

Por otro lado, el holograma se crea por la interferencia de dos ondas coherentes en la geometría fuera del eje, donde la primera se llama onda de referencia R(x, y) que tiene la información de los medios de grabación y la segunda llamada objeto onda O(x, y) que proviene del objeto, luego las siguientes expresiones definen los dos haces de la siguiente manera

$$O(x,y) = o(x,y)\exp[j\phi(x,y)], \tag{1.1}$$

$$R(x,y) = R_0 \exp\left[j\frac{2\pi}{\lambda}(x\cos\alpha + y\cos\beta) \right], \tag{1.2}$$

donde (x, y) son las coordenadas del plano del holograma, *O* (x, y) y R_0 son la amplitud de las ondas, ϕ(x,y) es la fase de la onda objeto, λ es la longitud de onda, y α y β son respectivamente los ángulos entre las direcciones de propagación del objeto y las ondas de referencia en las direcciones "*x*" y "*y*". Por lo tanto, la intensidad del holograma I (x, y) se puede escribir

$$I(x,y) = |R_0|^2 + |o_{x,y}|^2 + R_0 O(x,y)\exp\left\{ j\left[-\frac{2\pi}{\lambda}(x\cos\alpha + y\cos\beta + \phi(x,y)\right]\right\}, \qquad (1.3)$$

$$+ R_0 O(x,y)\exp\left\{ -j\left[-\frac{2\pi}{\lambda}(x\cos\alpha + y\cos\beta + \phi(x,y)\right]\right\}.$$

La GWT en dos dimensiones (2D-GWT) se define por:

$$W_f(s,\theta,a,b) = \int\int_{-\infty}^{\infty} f(x,y)\psi^*_{s,\theta}(x,y,a,b)dxdy, \qquad (1.4)$$

donde *a*> 0 es el parámetro de escala relacionado con la frecuencia; *b* es el parámetro de desplazamiento relacionado con la posición; α es la frecuencia radial en radianes por unidad de longitud; θ es la orientación wavelet en radianes. La transformación 2D-Gabor Wavelet para el holograma se puede escribir como

$$W(s,\theta,a,b) = \int\int_{-\infty}^{\infty} I(x,y)\psi^*_{s,\theta}(x,y,a,b)dxdy,$$

$$= \int\int_{-\infty}^{\infty} \{A + R_0 o(x)\exp[j\varphi(x,y)] + R_0 o(x)\exp[-j\varphi(x,y)]\}\psi^*_{s,\theta}(x,b,a,b)dxdy, \qquad (1.5)$$

donde el módulo $|W(s, \theta, a, b)|$ encuentra su máximo en s=T y θ=α, con T es el periodo espacial del holograma alrededor de la posicion (a,b). En consecuencia, el coeficiente Wavelet pico de la GWT-2D se describe por,

$$W_p(a,b)=\frac{\sqrt{\gamma^3}}{\sqrt[4]{4\pi^3}}R_0 o \exp\left\{j\left[-\frac{2\pi}{\lambda}(x\cos\alpha+y\cos\beta)+\phi(x,y)\right]\right\}. \tag{1.6}$$

Multiplicando *W*p por una onda ideal correspondiente a una réplica de la onda de referencia, la onda reconstruida *U*p (x, y) en el plano del holograma se obtiene de la siguiente manera

$$\begin{aligned} U_p(x,y) &= W_p(x,y)R_0\exp\left[j\frac{2\pi}{\lambda}(x\cos\alpha+y\cos\beta)\right], \\ &= \frac{\sqrt{\gamma^3}}{\sqrt[4]{4\pi^3}}R_0^2\exp[\phi(x,y)] \end{aligned} \tag{1.7}$$

Como se puede ver, la onda reconstruida *U*p de *W*p es igual a la onda del objeto en el plano del holograma multiplicado por un coeficiente constante.

1.4. Desenvolvimiento de la Fase

En aplicaciones de microscopía, la imagen reconstruida puede centrarse numéricamente en cualquier plano del objeto y la imagen de fase conduce a imágenes con una resolución axial de una fracción de longitud de onda.

Sin embargo, las imágenes de fase contienen 2π discontinuidades para objetos de profundidades ópticas mayores que la longitud de onda. La mayoría de los algoritmos de desenganche de fase para la eliminación de las discontinuidades requieren una intervención subjetiva cuando hay pasos de altura en el objeto que son más que una longitud de onda. El método de doble longitud[16] de onda incluye la generación y combinación de mapas de dos fases en un sistema de holografía digital mediante el uso de dos longitudes de onda separadas con un rango axial. Las imágenes producidas con longitudes de onda únicas exhiben múltiples pasos de fase. Para obtener un nuevo mapa de fase ϕ_1 y ϕ_2, derivados de cada longitud de onda se restan

$$\phi_{12} = \phi_1 - \phi_2, \quad (1.8)$$

agregando 2π donde $\phi_{12} < 0$ produce el nuevo mapa de fase, prácticamente libre de discontinuidades. Es equivalente a un mapa de fase creado por una sola longitud de onda sintética

$$\Lambda_{12} = \lambda_1 \lambda_2 / |\lambda_1 - \lambda_2|. \quad (1.9)$$

El inconveniente del método de doble longitud de onda es la amplificación del ruido de fase[13-15].

1.5. Resultados experimentales

En este trabajo, se presenta un ejemplo de reconstrucción con la tarjeta de resolución USAF 1951 1X positiva. En la Figura 1.2, se muestra el holograma obtenido de una sección de la tarjeta USAF.

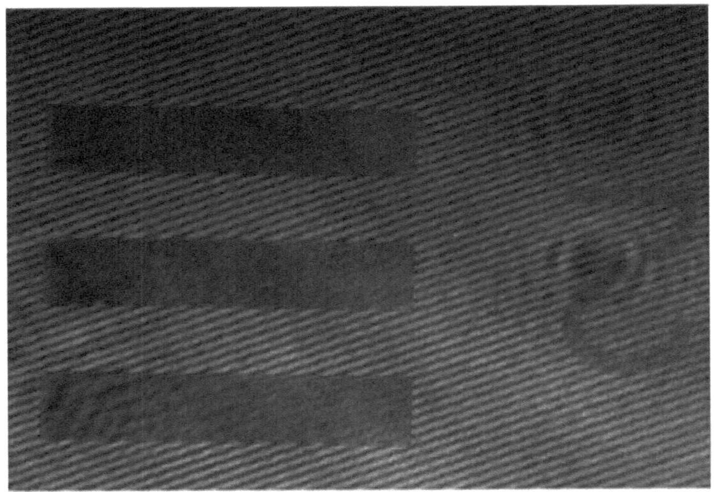

Figura 1.2. Holograma bicolor.

En las Figura 1.3 y Figura 1.4, se muestra la recuperación tanto de amplitud y fase envuelta obtenidos a partir de las dos longitudes de onda con el método de la TWG y el ASM respectivamente.

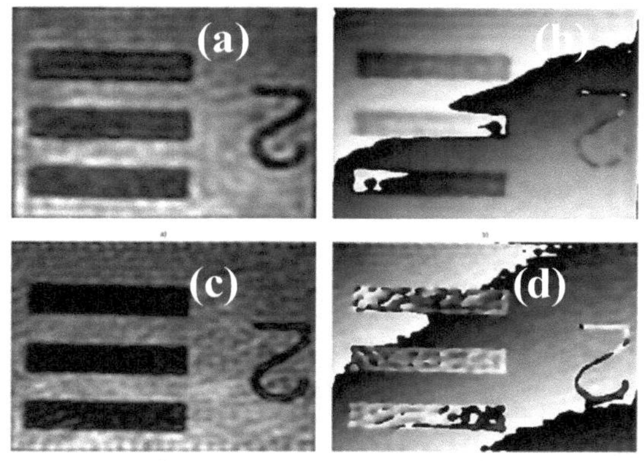

Figura 1.3 Recuperación de información con la TWG. (a) Amplitud rojo. (b) Fase rojo. (c) Amplitud verde. (d) Fase verde.

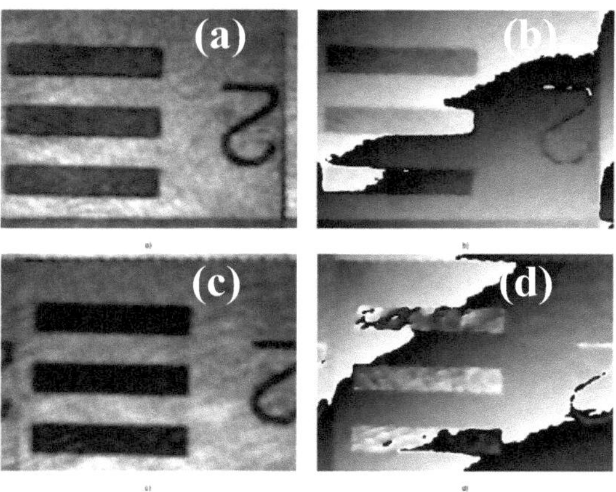

Figura 1.4 Recuperación de información con el ASM. (a) Amplitud rojo. (b) Fase rojo. (c) Amplitud verde. (d) Fase verde.

La Figura 1.5, muestran las fases recuperadas y la fase desenvuelta con el método de las dos longitudes de onda.

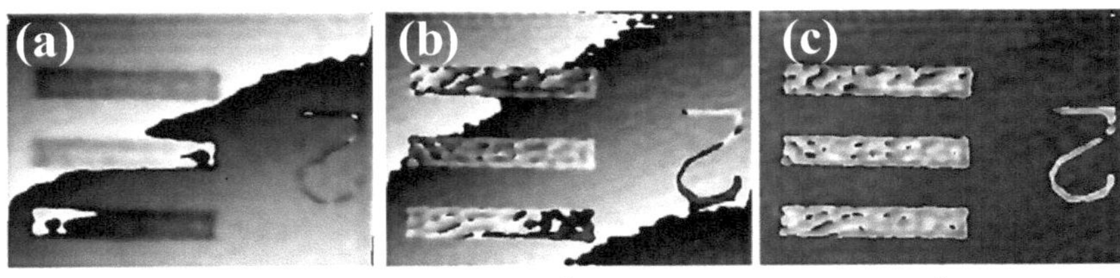

Figura 1.5. Desenvolvimiento de fase. (a) Fase envuelta roja. (b) Fase envuelta verde. (c) Fase desenvuelta

Las Figura 1.6 y Figura 1.7 , muestran el holograma, la amplitud y la fase desenvuelta para los métodos de la TWG y ASM. Como es posible observar la fase es totalmente desenvuelta con el método de la TWG, debido a, la búsqueda de frecuencias que realiza el método. Por último se muestra el mapa de altura de la muestra en la Figura 1.8.

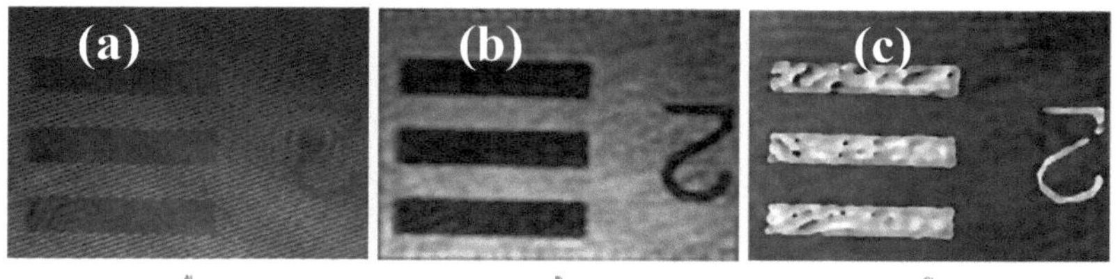

Figura 1.6 Recuperación de información bicolor con la TWG. (a) Holograma bicolor. (b) Amplitud. (c) Fase desenvuelta.

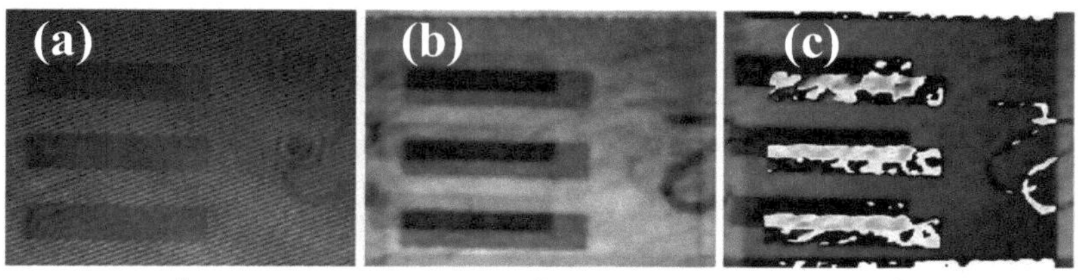

Figura 1.7 Recuperación de información bicolor con el ASM. (a) Holograma bicolor. (b) Amplitud. (c) Fase desenvuelta.

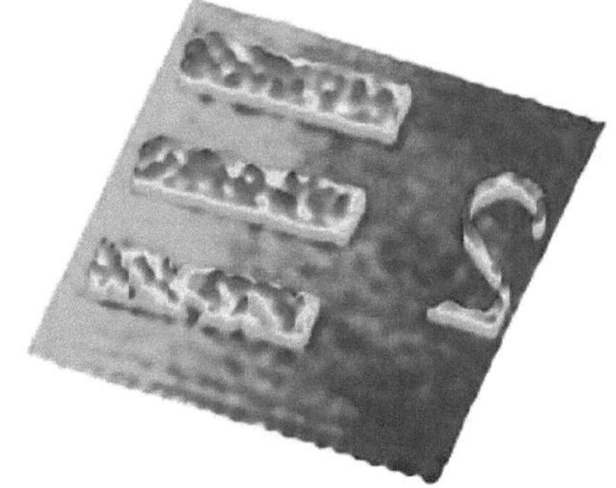

Figura 1.8 Mapa de fase obtenido con la TWG

1.6. Conclusiones

Se ha presentado un sistema de Microscopia Holográfica Digital utilizando para la obtención de imágenes de fase. Se comprobó que esta técnica supera dificultades al momento de desenvolver la fase debido a las correcciones numéricas que existen actualmente. Asimismo, reduce el nivel de ruido dentro de las mediciones y elimina la aberración esférica del sistema. La transformada Wavelet de Gabor presenta mejores resultados al momento de recuperar la información, debido a la búsqueda de coeficientes que se realiza durante el proceso de reconstrucción de igual manera permite el acomodo de la información proveniente de las diferentes longitudes de onda sin la necesidad de aplicar ningún procesamiento adicional.

1.7. Referencias

1. Kim, M. K., "Principles and techniques of digital holographic microscopy", SPIE Rev. 1, 018005 (2010)
2. Li, J.., Picart, P., "Digital Holography", Wiley (2012).
3. Emery, Y., Cuche, E., Marquet, F., Aspert, N., Marquet, P., Kühn, J., Botkine, M., Colomb, T., Montfort, F., et al., "Digital Holographic Microscopy (DHM) for metrology and dynamic characterization of {MEMS} and MOEMS", Mems, Moems, Micromach. II 6186(2006), N1860–N1860 (2006).
4. James, R., Long, M.., Newcomb, D., "Designing security holograms", 3 June 2004, 264, International Society for Optics and Photonics.

5. Watanabe, E., Hoshino, K., Mizuno, J., Katori, R.., Hayashi, R., "High-precision wide-field quantitative phase imaging with a digital holographic microscope using a spherical reference beam", 3–5 (2015)
6. Scientia., "aplicación de la microscopía holográfica digital en transmisión para la caracterización del espesor de recubrimientos delgados" (2007).
7. Kemper, B., Langehanenberg, P.., von Bally, G., "Digital Holographic Microscopy: A New Method for Surface Analysis and Marker-Free Dynamic Life Cell Imaging", Opt. Photonik 2(2), 41–44 (2007).
8. Carl, D., Höink, A., Bally, G. Von., Denz, C., "Digital Holographic Microscope for the Analysis of Living Cells z / nm", Mol. Cell 49, 2–3 (2004).
9. Malacara, Daniel, ed. "Optical shop testing". Vol. 59. John Wiley and Sons, 2007.
10. Zhong, J., Weng, J., "Phase retrieval of optical fringe pattern form the ridge of a wavelet transform". Optics Letters, Vol. 30, No. 19, 2560-2562, (2005).
11. Weng, J., Zhong, J.., Hu, C., "Digital reconstruction based on angular spectrum diffraction with the ridge of wavelet transform in holographic phase-contrast microscopy.", Opt. Ex-press 16(26), 21971–21981 (2008).
12. Zhong, J., Weng, J.., Hu, C., "Gabor wavelet transform for dynamic analysis in digital holographic microscopy", 11 February 2010, 757008
13. Hernández-Romo, M., Padilla-Vivanco, A., Kim, M. K., Toxqui-Quitl, C., "Phase retrieval of microscope objects using the Wavelet-Gabor

transform method from holographic filters", Proc. SPIE - Int. Soc. Opt. Eng. 9192 (2014).

14. Yu, L., Kim, M. K., "Wavelength-scanning digital interference holography for tomographic three-dimensional imaging by use of the angular spectrum method", Opt. Lett. 30(16), 2092, Optical Society of America (2005).
15. Kreis, T., "Digital holographic interference-phase measurement using the Fourier-transform method", J. Opt. Soc. Am. A 3(6) (1986).
16. Toal, V., "A simple approach to phase holography", Am. J. Phys. 71(May), 948 (2003).

CAPÍTULO 2. ESPIRALGRAMAS GENERADOS POR LA OBSTRUCCIÓN DE UNA REJILLA ANULAR

Germán Reséndiz López, Angel Monzalvo Hernández, L. García Lechuga, Juan Manuel Islas Islas, Noel I. Toto-Arellano, Cuerpo Académico de Ingeniería, Ciencias e Innovación Tecnológica, Universidad Tecnológica de Tulancingo, Hgo., México. Email:noel.toto@utectulaningo.edu.mx

Gustavo Rodriguez Zurita, Areli Montes-Perez, Benemérita Universidad Autónoma de Puebla, Puebla, México.

Guadalupe Itzel Santos-Retama, María Fernanda Arreola Escobedo, Luis Enrique San Agustín San Agustín, Hector García Segura, Luis Antonio Tapia Licona, Luis Enrique Escobedo Flores, Estudiantes de Ingeniería Industrial de la Universidad Tecnológica de Tulancingo, Hgo., México.

2.1. Introducción

Existen métodos estándar para generar interferogramas en espiral [1-2], las características de estos patrones permiten determinar el signo de la fase, es decir si esta fase posee fuentes o sumideros, inspeccionando el giro de la espiral [1], por ello que es conveniente poder generar patrones en espiral por métodos simples. Observaciones experimentales sugieren que se pueden obtener interferogramas con esta simetría si se genera un haz Bessel [3-8] y se coloca una obstrucción en amplitud [9-12] y el haz obstruido se hace interferir con un frente de onda esférico fuera de eje [13]. Como se mostrara a continuación se pueden obtener interferogramas espirales con vórtices embebidos si se coloca convenientemente una obstrucción en z_0< z, al haz Bessel generado con una apertura anular y una lente de focal f_0=z. Algunos autores sugieren métodos para el procesamiento de estos patrones en espiral para obtener la fase del frente de onda que se está estudiando [14]. Como en interferometria convencional, es útil poder hacer los corrimientos necesarios en una sola toma, por lo que es conveniente analizar, si los algoritmos convencionales de corrimiento de fase funcionan para el análisis de patrones espirales. A continuación se muestran resultados preliminares obtenidos, del análisis de patrones de interferencia espiral usando el método de 4 corrimientos en una sola toma [15,16].

2.2 Arreglo experimental

La Figura 2.1 muestra el arreglo experimental utilizado para generar patrones espirales multiplexados con corrimientos de fase generados por modulación en polarización. El sistema es iluminado con luz que es polarizada a 45 por el arreglo Q_0-P_0. El primer Divisor polarizante separa las componentes perpendicular y paralela del haz incidente.

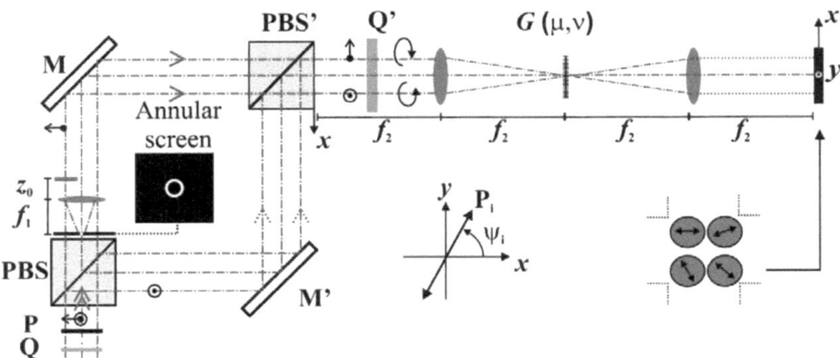

Figura 2.1. Arreglo experimental para generar espirales y obtener la fase con cuatro espiralgramas obtenidos de manera simultánea; P: Polarizadores; Q: Retardadores; f: focales; G(μ,ν): Rejillas de fase; ψ: ángulo de giro de los polarizadores. Rejilla anular: r_1-r_0 es el ancho del anillo, Z_0, Z_{MAX} parámetros del haz Bessel; d: radio de la lente, f_0: focal de lente.

En uno de los brazos del Interferometro Mach–Zehnder (IMZ) se genera un haz Bessel de orden cero, colocando una pantalla anular a una distancia f_0 de una lente positiva, frente al haz Bessel se coloca una obstrucción a una distancia z_0. El otro brazo del IMZ representa al frente de onda de prueba, de manera que el patrón de interferencia generado es la suma del frente de onda con el Bessel obstruido. El patrón de interferencia generado a la salida del IMZ se polariza circularmente y se introduce en un sistema 4-*f* [15] que genera replicas del patrón de interferencia original, cuyo corrimiento de fase puede ser operado por separado colocando convenientemente polarizadores lineales a los ángulos adecuados [16].

2.3 Simulaciones y resultados experimentales

La Figura 2.2 muestra diversos patrones espirales, generados para diferentes geometrías de la obstrucción, en todos los casos la obstrucción bloqueo la mitad del haz Bessel. En las figuras 2.2(a)-2(c), se puede notar que la carga topológica que representa el numero de brazos que tiene la espiral es 1, sin embargo para el caso de la figura 2.2 (d), la espiral tiene dos brazos y esto está relacionado con una carga topológica de 2; estos resultados experimentales permiten entrever que la carga topológica se puede asociar con la forma de la obstrucción que se está usando para generar la espiral. En los recuadros en rojo se puede observar que en este caso los patrones espirales experimentales presentan bifurcaciones embebidas de signos opuestos, este resultado es un indicador de que a fase de estos patrones tienen un vórtice en esas regiones. Para obtener la fase, se ha propuesto usar el algoritmo convencional de cuatro pasos [16], con el propósito de mostrar que este algoritmo se puede utilizar para extraer la fase, se realizo la simulación presentada en la Figura 2.3, cada patrón de la fila superior presenta un corrimiento mutuo de 90 y en la fila inferior se muestra la fase obtenida, como se puede observar el algoritmo de cuatro corrimientos funciona para extraer la fase de este tipo de patrones.

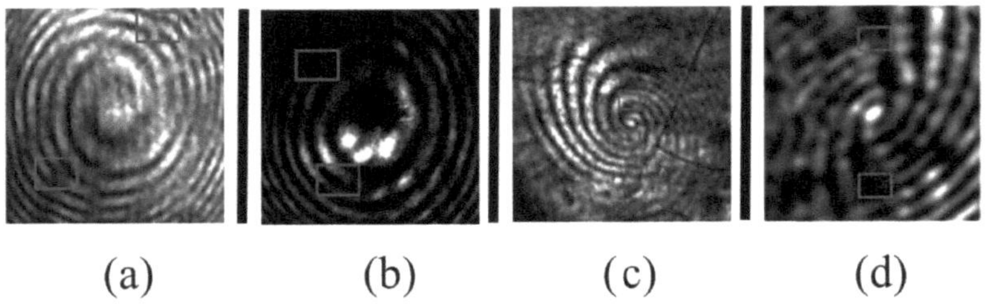

Figura 2.2. Espiralgramas obtenidos con diferentes obstrucciones. (a) y (b) Pantalla opaca. (c) y (d) Navaja de fase. Note las bifurcaciones indicadas por el recuadro.

Con el propósito de mostrar que el algoritmo de cuatro corrimientos [16] se puede utilizar para extraer la fase de patrones en espiral se realizo la simulación presentada en la Fig. 2.3, cada patrón de la fila superior presenta un corrimiento mutuo de 90 y como se puede observar en la fila inferior el algoritmo de cuatro corrimientos funciona para extraer la fase de este tipo de patrones.

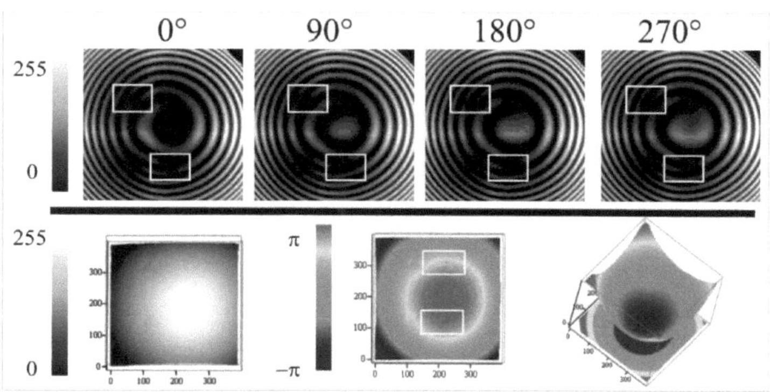

Figure 2.3. Patrones espirales simulados y fase desenvuelta.

Con este resultado se proceso la fase experimental para diversos espiralgramas. La Figura 2.4 muestra los cuatro espiralgramas obtenidos en una sola toma con corrimientos de fase relativos de □/2 y su fase óptica. Se puede observar que en este caso los patrones espirales experimentales obtenidos presentan bifurcaciones embebidas de signos opuestos (Fig. 2.4(a)). En la Fig. 2.4(b) se muestra la fase obtenida, en las figuras en falso color se ha invertido el contraste para observar con mayor claridad los vórtices generados por las bifurcaciones en los patrones (recuadros). Como era de esperarse la fase obtenida representa la forma del frente de onda que se está haciendo interferir con el haz Bessel obstruido.

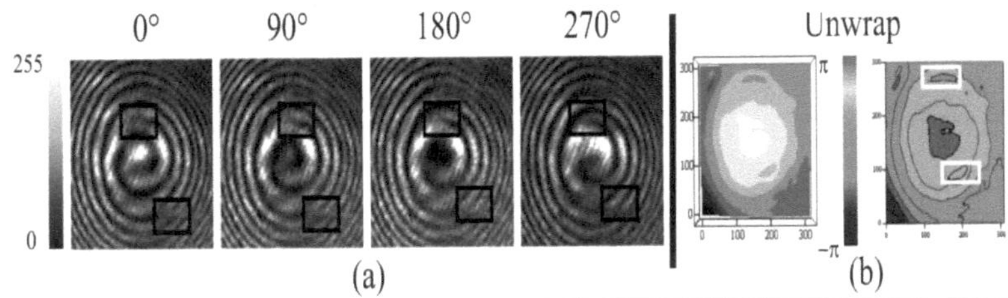

Figura 2.4. Resultados experimentales. Reconstrucción de un perfil de fase experimental de un frente de onda esférico con el método propuesto. (a) Espiralgramas con corrimiento relativos de 90° y (b) Fase desenvuelta. Los vórtices asociados a las bifurcaciones se remarcan en el recuadro.

2.4 Aplicaciones para la inspección del signo de la fase

En la Figura 2.5 se muestra los resultados obtenidos para la aplicación propuesta: la inspección del signo de la fase. En la fila superior se muestran los espiralgramas generados para una fase que representa un valle y en la fila inferior los espiralgramas correspondientes a una fase que presenta una cresta, se puede observar como para cada caso, el giro de la espiral es opuesto.

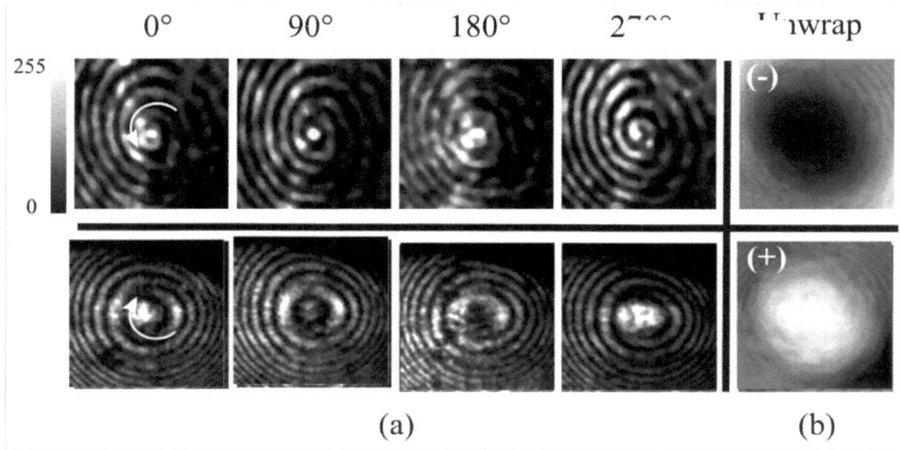

Figura 2.5. Espiralgramas con giros opuestos. (a) Patrones de interferencia. (b) Fase desenvuelta.

2.5 Conclusiones

Como se menciono en el texto, los patrones en espiral se pueden obtener usando un axicón e inclusive un modulador espacial, pero estas componentes especiales no se pueden adquirir fácilmente, sin embargo método propuesto, no requiere de alguna de estas componentes por lo que la técnica puede ser implementada en algunos laboratorios de docencia. Adicionalmente las observaciones experimentales muestran que se puede asociar la carga topológica con la forma de la obstrucción. Finalmente podemos verificar que se puede determinar el signo de la fase inspeccionando el signo de la espiral que se genera.

2.6. Bibliografía

1. S. Fürhapter, A. Jesacher, S. Bernet, and M. Ritsch-Marte, Spiral interferometry, Opt. Lett. 30 (2005) 1953-1955.
2. Ch. V. Felde, P. V. Polyanskii, H. V. Bogatyryova,Comparative analysis of techniques for diagnostics of phase singularities, Eighth International Conference on Correlation Optics. Edited by Kujawinska, Malgorzata; Angelsky, Oleg V. Proceedings of the SPIE, Volume 7008 (2008) 70080F-70080F-7.
3. A. Jesacher, S. Fürhapter, S. Bernet, and M. Ritsch-Marte, Spiral interferogram analysis, J. Opt. Soc. Am. A 23 (2006) 1400-1409.
4. J. Durnin, Exact solutions for nondiffracting beams, J. Opt. Soc. Am. A, 4 (1987) 651.
5. J. Durnin, Difraction-Free beams, Phys. Rew. Lett. 58(1987)1499-1501.
6. M. R. LaPointe et al., Review of Nondiffracting Bessel Beams, NASA Contractor Report 187188 (1991).

7. Z. Bouchal: Dependence of Bessel beam characteristics on angular spectrum phase variations, J. Mod. Opt. 40 (1993) 1325.
8. S. Chavez-Cerda, G.S. McDonald, and G.H.C. New: Nondiffracting beams: Travelling, standing, rotating and spiral waves, Opt. Commun. 123 (1996) 225.
9. I. A. Litvin, M. G. McLaren, A. Forbes,Propagation of obstructed Bessel and Bessel-Gauss beams, Laser Beam Shaping IX. Edited by

Forbes, Andrew; Lizotte, Todd E. Proceedings of the SPIE, Volume 7062 (2008) 706218-706218-8.

10. C. A. McQueen, J. Arlt, and K. Dholakia, An experiment to study a "nondiffracting" light beam Am. J. Phys., 67(199), 912-915.

11. J. Rushin: Modified Bessel nondiffracting beamsJ. Opt. soc. Am. A 11 (1994) 3224.

12. V. Kollarova et al., Application of nondiffracting beams to wireless optical communications Unmanned/Unattended Sensors and Sensor Networks IV. Edited by Carapezza, Edward M.. Proceedings of the SPIE, Volume 6736 (2007) 67361C.

13. C. Jun et al., Generation of Optical Vortex Using a Spiral Phase Plate Fabricated in Quartz by Direct Laser Writing and Inductively Coupled Plasma Etching, Chinese Physics Letters, 26 (2009) 014202.

14. A. Jesacher, S. Fürhapter, S. Bernet, and M. Ritsch-Marte, Spiral interferogram analysis, J. Opt. Soc. Am. A 23 (2006) 1400-1409.

15. G. Rodriguez-Zurita, C. Meneses-Fabian, N. I. Toto-Arellano, J. F. Vázquez-Castillo, and C. Robledo-Sánchez, One-shot phase-shifting phase-grating interferometry with modulation of polarization: case of four interferograms," Opt. Express 16 (2008) 7806-7817.

16. N. I. Toto-Arellano, G. Rodriguez-Zurita, C. Meneses-Fabian, J.F. Vázquez-Castillo, Phase shifts in the Fourier spectra of phase gratings and phase grids: an application for one-shot phase-shifting interferometry, Opt. Express 16 (2008) 19330-19342.D. I. Serrano-Garcia, N.-I. Toto-Arellano, A. Martínez-García1 and G. Rodriguez Zurita, Radial slope measurement of dynamic

CAPÍTULO 3. RECONSTRUCCIÓN TRIDIMENSIONAL DE FORMAS UTILIZANDO EL MÉTODO DE PROYECCIÓN DE LUZ ESTRUCTURADA

Germán Reséndiz López, Angel Monzalvo Hernández, Juan Manuel Islas Islas, Noel I. Toto-Arellano, Cuerpo Académico de Ingeniería, Ciencias e Innovación Tecnológica, Universidad Tecnológica de Tulancingo, Hgo., México. Email:noel.toto@utectulaningo.edu.mx

Jaime Garnica González, Heriberto Niccolas Morales, Centro de Investigación Avanzada en Ingeniería Industrial, Universidad Autónoma del Estado de Hidalgo.

Guadalupe Itzel Santos-Retama, María Fernanda Arreola Escobedo, Luis Enrique San Agustín San Agustín, Hector García Segura, Estudiantes de Ingeniería Industrial de la Universidad Tecnológica de Tulancingo, Hgo., México.

3. 1 Introducción

En la industria, la ortopedia [1], arqueología [2] , reconstrucción facial [3-4], ciencias forenses [5] así como en el ámbito de la investigación es amplia la necesidad de la reconstrucción tridimensional de objetos [6] debido a que se puede aplicar en la producción de prototipos, control de calidad, o en el análisis de la forma de un objeto o pieza, entre otros, debido a ello, podemos utilizar la técnica de proyección de franjas para la digitalización tridimensional de objetos con una resolución en la reconstrucción a nivel milimétrico [7]. Las técnicas de digitalización son clasificadas en dos

grupos: sistemas con contacto (digitalizadores mecánicos) y sin contacto (digitalizadores láser o métodos ópticos como la proyección de franjas), los últimos son de nuestro interés ya que no son invasivos.
En este proyecto se propone digitalizar un objeto proyectando franjas, y recuperando su información de fase usando el método de 4 pasos, con esta información podemos obtener así las dimensiones y topografía del objeto[8-12], con ello se pretende construir un escáner portátil de bajo costo y fácil utilización.

3.2 Parte experimental

Para obtener la topografía del objeto, primero se genera un patrón de franjas sinusoidales desde un ordenador y son proyectadas sobre un plano para tener una referencia y posteriormente este patrón de franjas es proyectado sobre el objeto de prueba [10-13]; los patrones son almacenados en la memoria de un computador, la valoración de las diferencias de fase entre estos registros constituye el núcleo de la técnica de proyección de franjas y en la actualidad se realiza por medios completamente digitales lo que le brinda gran versatilidad para realizar reconstrucciones de objetos. El arreglo experimental se muestra en la Figura 3.1, con el ordenador se generan los patrones de franjas y se procesa la información recuperada con la cámara CCD. En este experimento se uso una cámara web de 5 Mega-pixeles. En esta primera etapa se cuantifico la fase utilizando el algoritmo de los cuatro pasos, se generaron cuatro patrones con corrimientos de fase de $\pi/2$ (con Matlab). Posteriomente las imágenes de los patrones deformados por la superficie de referencia y la de prueba, son capturadas por la CCD. Con esta información y con la configuración del arreglo experimental se puede calcular la topografía del objeto.

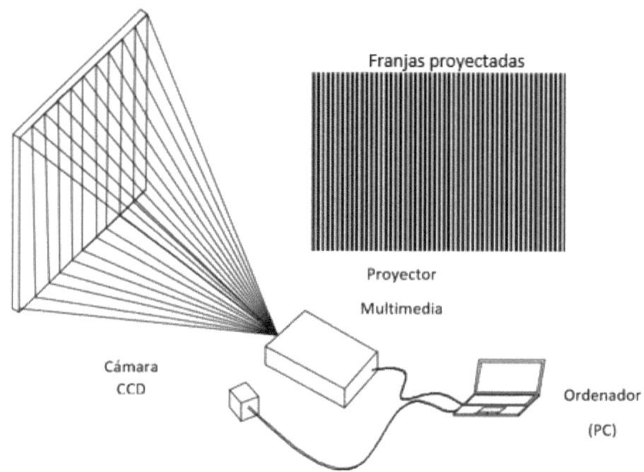

Figura 3.1. Arreglo experimental. Proyector (resolución 4.3 megapíxeles, 1024x768). Frecuencia 0.5 líneas/mm. Cámara de 6,6 megapíxeles (2208 x 3000).

3.3 Cálculo de topografía del objeto

Para obtener la fase óptica se generan cuatro patrones de franjas, los cuales están definidos de la siguiente manera:

$$I_1(x,y) = 1 + \cos[\phi(x,y)] \qquad I_2(x,y) = 1 + sen[\phi(x,y)]$$

$$I_3(x,y) = 1 - \cos[\phi(x,y)] \qquad I_4(x,y) = 1 - sen[\phi(x,y)] \qquad (3.1)$$

Con los cuatro patrones se obtiene la fase [14-17]:

$$\phi(x,y) = \tan^{-1}\left[\frac{I_2 - I_4}{I_1 - I_3}\right] \qquad (3.2)$$

Con la ecuación en (3.2) se obtiene la fase envuelta, para procesar la fase desenvuelta hemos usado algoritmos ya programados en Matlab de uso libre, los cuales solo permiten hacer in filtrado básico de los interferogramas y por ese motivo en la fase recuperada se pierde información de la fase original. Para obtener la topografía o forma del objeto, se recupera la fase óptica usando la ecuación en (3.2), con la información de la fase se puede calcular la topografía del objeto usando la ecuación siguiente:

$$z(x,y) = \left[\frac{\phi(x,y)}{\pi}\right] \cdot \left[\frac{p}{\tan\alpha}\right] \tag{3.3}$$

donde $z(x,y)$ se refiere a la profundidad medida desde la rejilla de las franjas, $\phi(x,y)$ es la diferencia de fase entre la rejilla del plano de referencia con "z" igualada a 0 y la fase de la rejilla deformada, p es el periodo de la rejilla de las franjas en el plano de referencia y $\tan\alpha$ es el ángulo formado entre la rejilla de franjas proyectada y el plano de referencia.

3.4 Resultados

En la Figura 3.2 se muestran las cuatro imágenes capturadas por la cámara en cuatro tomas, cada una de ellas tiene una fase relativa de 90°. El plano de referencia mostrado en la fila superior de la Fig. 3.2(a) cubre una región de 200mm x 500 mm, las tomas para el objeto de prueba se muestran en la fila superior de la Fig. 3.2(a), en 3.2(b) se muestran, las fase recuperadas en ambos casos. En la figura 3.2(c) se muestra la topografía del objeto de prueba que en este caso fue la cabeza de un maniquí.

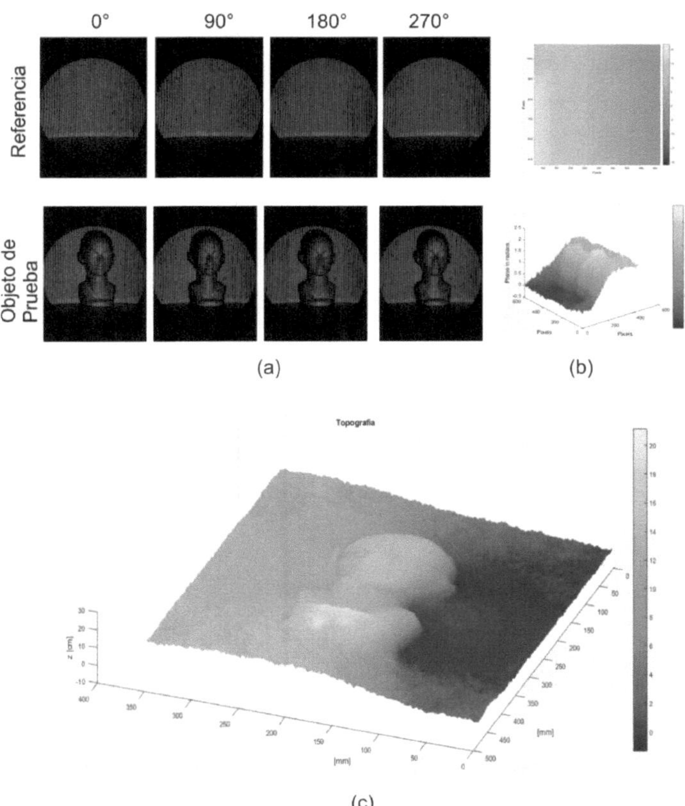

Figura 3.2. Plano de referencia. (a) Patrones de interferencia con corrimientos de 90°. (b) Fase desenvuelta (c) Topografía.

3.5 Conclusiones

Los resultados experimentales muestran que se puede obtener la topografía de un objeto extendido utilizando la técnica de proyección de franjas y aplicando el método de cuatro pasos de corrimiento de fase. El propósito a futuro de este trabajo es proyectar franjas subestructuradas, es decir patrones con bandas desiguales entre blancos y grises y patrones similares a rejillas intercaladas, esto permitiría aumentar el muestreo sobre el objeto y por lo tanto reconstruir con mejor precisión la superficie que se escanea con luz.

3.6 Bibliografía

1. J. I. Harizanova, E. V. Stoykova, V. C. Sainov, Phase retrieval techniques in coordinates measurement, in: AIP Conference Proceedings, 899, (2007) 321–322.
2. G. Guidi, M. Pieraccini, S. Ciofi, V. Damato, J. Beraldin, C. Atzeni, Tridimensional digitizing of Donatello's Maddalena, in: IEEE Int. Conf. Image Processing, 1,(2001) 578–581.
3. J. Yagnik, S. S. Gorthi, K. R. Ramakrishnan, L. K. Rao, 3D shape extraction of human face in presence of facial hair: A profilometric approach, Proc. IEEE Region 10 Annual International Conference (4085277) (2007).
4. G. Zhou, Z. Li, C. Wang, Y. Shi, A Novel Method for Human Expression Rapid Reconstruction, Tsinghua Science and Technology 14, (2009) 62– 65.

5. F. Lilley, M. J. Lalor, D. R. Burton, Robust fringe analysis system for human body shape measurement, Opt. Eng. 39(1), (2000) 187–195.
6. J.-F. Lin, X-Y. Su, “Two-Dimensional Fourier Transform Profilometry for The Automatic Measurement Of Three-Dimensional Object Shapes“, Opt. Eng, 1995, 34(11), 3297–3302
7. G. S. Spagnolo, D. Ambrosini, Diffractive optical element based sensor for roughness measurement, Sensors and Actuators A: Physical 100 (2- 3) (2002) 180–186.
8. L. Chen, C. Huang, Miniaturized 3D surface profilometer using digital fringe projection, Meas. Sci. Techn. 16 (5) (2005) 1061–1068.
9. B. Pan, Q. Kemao, L. Huang, and A. Asundi, “Phase error analysis and compensation for non-sinusoidal wavefoms in phase-shifting digital fringe projection profilometry,” Opt. Lett. 34(4),(2009) 416–418.
10. P. Jia, J. Kofman, C. English, Comparison of linear and nonlinear calibration methods for phase-measuring profilometry, Opt. Eng. 46 (4) (2007) 043601.
11. L. Chen, Y. Chang, High accuracy confocal full-field 3-D surface profilometry for micro lenses using a digital fringe projection strategy, Key Engineering Materials 364-366 (2008) 113–116.
12. M. Sasso, G. Chiappini, G. Palmieri, and D. Amodio, “Superimposed fringe projection for three-dimensional shape acquisition by image analysis,” Appl. Opt. 48(13), (2009) 2410–2420.
13. C.J. Tay, C. Quan , Y.H. Huang, Y. Fu. Digital image correlation for whole field outof-plane displacement measurement using a single camera. Optics Communications. 251 (2005) 23–36. A. Martínez, J.A. Rayas, J.M. Flores M., R. Rodríguez-Vera y D. Donato Aguayo, Tecnicas ópticas para

el contorneo de superficies tridimensionales, ,Rev. Mex. Fís., 51 (4) (2005) 431–436.

14. N.-I. Toto-Arellano, D. I. Serrano-García, A. Martínez García, G. Rodríguez Zurita, A. Montes-Pérez, 4D profile of phase objects through the use of a simultaneous phase shifting quasi-common path interferometer, J. Opt. 13 (2011) 115502.

15. G. Rodríguez-Zurita, N. I. Toto Arellano, C. Meneses-Fabian, and J. F. Vazquez-Castillo, One-shot phase-shifting interferometry: five, seven, and nine interferograms, Opt. Letters, 33 (2008) 2788-2790.

16. D. Malacara, M. Servin, and Z. Malacara, Chapter 4 in Phase detection algorithms in Interferogram Analysis for Optical Testing (Marcel Dekker, New York 1998).

17. M. Servin, J. C. Estrada and J. A. Quiroga, “The general theory of phase shifting algorithms,” Optics Express, 17(24) (2009) 21867-21881.

SECCIÓN III. ALCANCES DE LAS CARRERAS DE PROCESOS INDUSTRIALES

Comité Nacional de Procesos Industriales
Subsistema de Universidades Tecnológicas

Las Universidades Tecnológicas surgieron en el año de 1991 como organismos públicos descentralizados de los gobiernos estatales, las Universidades Politécnicas se fusionan al sub-sistema por lo que la Coordinación de Universidades Tecnológicas y Politécnicas adquiere este nombre, siendo su *misión* "Dirigir y Coordinar la prestación del servicio de educación superior en las Universidades Tecnológicas y Politécnicas, mediante el desarrollo y difusión de la normatividad técnico pedagógica en la materia, así como la relativa a la gestión institucional, con el fin de preparar profesionales del nivel superior y promover su incorporación a la actividad productiva nacional" y cuyo *objetivo particular* es "Contribuir a la mejora de la calidad de la educación superior, como un medio estratégico para acrecentar el capital humano y la competitividad requerida por una economía sustentada en el conocimiento, mediante el desarrollo de políticas, estrategias y procesos que aseguren el fortalecimiento y consolidación del Sistema de Universidades Tecnológicas". (Programa Anual 2013).Por lo anterior el Sub-Sistema de Universidades Tecnológicas siempre ha estado a la vanguardia de los requerimientos del Sector Productivo, por tal motivo desde sus inicios en 1991, se formaron Comisiones Académicas con la participación de Directores para revisar los planes y programas de estudio, para el año 2009 se forman los Comités Nacionales de Directores cuyos trabajo principal fue actualizar los programas educativos a través de la Metodología de Diseño Curricular por Competencias Profesionales, respondiendo de esta manera a las nuevas tendencias educativas: Posesión y desarrollo de conocimientos, destrezas y actitudes que permiten al sujeto que las posee, desarrollar actividades en su área profesional, adaptarse a nuevas situaciones, así como transferir, si es necesario, sus conocimientos, habilidades y actitudes a áreas profesionales.

Con la finalidad de seguir dando seguimiento a los trabajos realizados a partir del año 2009 el Comité Nacional de Directores de Procesos Industriales se continúa reuniendo dos veces por año, en donde además de realizar la actividad antes mencionada se comparten temas referentes a: Acreditación de Programas Educativos, Tutorías, Indicadores de Desempeño (causas y acciones), Cuerpos Académicos, Equipamiento, nuevas tecnologías, examen de egreso, buenas prácticas, etc., además se elaboran manuales de asignatura de tronco común y áreas de especialidad.

Actualmente el Comité Nacional de Directores de Procesos Industriales está conformado por:

- Coordinadora Nacional: Mtra. Laura Roxana Santiago Alvarez/UT San Luis Potosí.
- Representantes:
    - Zona Norte: Mtra. Maricela Marines Durón/UT Región Centro de Coahuila.
    - Zona Pacifico: Mario Nieblas Núñez /UT Nogales.
    - Zona Centro: Thelma Altamirano Cardoso/UT Tula-Tepeji.
    - Zona Sureste Marisol Reyes Alcantar/UT Puebla
- Directores/as de las siguientes Universidades:
    - AGUASCALIENTES
    - CALVILLO
    - NORTE DE AGUASCALIENTES
    - TIJUANA

- CHIHUAHUA
- CIUDAD JUÁREZ
- PARRAL
- PASO DEL NORTE
- COAHUILA
- PARRAS DE LA FUENTE
- TORREÓN
- NORTE DE COAHUILA
- BIS LAGUNA
- REGIÓN NORTE DE GUERRERO
- LEÓN
- SALAMANCA
- NORTE DE GUANAJUATO
- SIERRA HIDALGUENSE
- BIS TULANCINGO
- JALISCO
- NEZAHUALCÓYOTL
- TECÁMAC
- VALLE DE TOLUCA
- FIDEL VELÁZQUEZ
- EMILIANO ZAPATA DEL ESTADO DE MORELOS
- LINARES
- SANTA CATARINA
- BIS DEL ESTADO DE PUEBLA
- HUEJOTZINGO
- PUEBLA

- TECAMACHALCO
- TEHUACÁN
- QUERÉTARO
- SAN JUAN DEL RÍO
- BIS METROPOLITANA DE SAN LUIS POTOSÍ
- GUAYMAS
- HERMOSILLO
- SUR DE SONORA
- TABASCO
- MATAMOROS
- TAMAULIPAS NORTE
- TLAXCALA
- METROPOLITANA DE MÉRIDA
- REGIONAL DEL SUR
- ZACATECAS

Quienes cuentan con alguna de las diez especialidades del Programa Educativos de Procesos Industriales: Manufactura, Plásticos, Sistemas de Gestión de Calidad, Automotriz, Tecnología Gráfica, Maquinados de Precisión, Cerámicos, Gestión y Productividad del Calzado, Diseño de Moda y la nueva área de especialidad que arencará en Mayo 2019 de Moldes y Troqueles en la UTSLP. Es importante recalcar que se cuenta con un medio electrónico para compartir la información generada en cada una de las reuniones realizadas en el Comité Nacional de Directores, para que pueda ser utilizada por cada una de las Universidades que lo integran en beneficio de los alumnos.

CAPÍTULO 4. METODOLOGÍA TRIZ EN INSTITUCIONES DE EDUCACIÓN SUPERIOR: UN ESTUDIO CRONOLÓGICO DE SU DESARROLLO Y ADOPCIÓN PARA LA INNOVACIÓN Y COMPETITIVIDAD

Guillermo Flores Téllez, Jaime Garnica González, Heriberto Niccolas Morales,
Centro de Investigación Avanzada en Ingeniería Industrial, Universidad Autónoma del Estado de Hidalgo.

Germán Reséndiz López, Noel Ivan Toto Arellano. Cuerpo Académico de Ingeniería, Ciencias e Innovación Tecnológica, Universidad Tecnológica de Tulancingo, Hgo.,México

4. 1 Introducción

La globalización ha establecido un nuevo curso económico en los sistemas productivos y un ambiente de constantes cambios históricos, tecnológicos y sociales en el mundo. Los países que representan potencias mundiales económicas, han instaurado acciones que imponen cambios radicales en las economías de países en vías de desarrollo y obligan a sus sociedades a la continua toma de decisiones y búsqueda de estrategias para lograr un desarrollo que brinde la posibilidad de homologar las condiciones de funcionamiento de sus respectivos sistemas productivos, al mismo ritmo que los países con mayor desarrollo económico [1]. A partir de 1994, México pertenece a la Organización para la Cooperación y el Desarrollo Económico (OCDE). Esta situación ha obligado y condicionado a las organizaciones e instituciones mexicanas a homologarse a exigencias fiscales, económicas, legales y socioculturales de países extranjeros con una economía más estable y prospera. Sin embargo, hasta el momento México no lograr rivalizar con la eficiente generación de riqueza de las potencias mundiales como lo son China y Rusia, ejemplos de países que no pertenecen a la OCDE y se mantienen en proceso de adhesión o como observadores [2]. Las exigencias globales y el paradigma de competitividad empresarial vigente, se enfoca en lograr la adecuación de las competencias laborales del factor humano a un entorno tecnológicamente exigente y productivamente demandante. En el caso de México, la sociedad que rodea a las empresas no cuenta con la fuerza laboral debidamente capacitada y necesaria para atender a estas variables, ya que la formación académica que reciben para poder insertarse en los sectores productivos es insuficiente tanto en contenidos como en los niveles alcanzados [3].

La innovación es el factor primordial para competir con mayor posibilidad de éxito y es necesario desarrollar modelos, técnicas o métodos para asistir el proceso creativo [4]. En un contexto de competencia global, la innovación en México tiene una participación limitada y representa un instrumento hacia la competitividad. La innovación en México también representa un campo de estudio de reciente análisis, que cuenta con fuentes de información y acceso a asesoría del extranjero en temas de actualización y tendencias aplicadas, sin embargo, no existe una base propia nacional de conocimiento para el desarrollo de productos, procesos y servicios innovadores[5]

Para Savransky[6], TRIZ es una metodología de la solución de problemas de la invención que incentiva la creatividad y la innovación. TRIZ es el acrónimo para idioma ruso dado a la *Teorija Rezhenija Izobretatelskikh Zadatch*, denominación que se ha traducido a varios idiomas, entre ellos el inglés como *The Russian Theory of Inventive Problem Solving* y al español como *Teoría Innovadora para la Solución de Problemas* o *Teoría para Resolver Problemas de Inventiva* [7]. García, González y Seredinski [8], en su investigación intitulada *Formación de emprendedores con talento para innovar*, proponen a TRIZ como un método científico que emplea la creatividad para el logro de la innovación, su propuesta incorpora TRIZ en los programas de formación de egresados universitarios que reportan en su mayoría, la imposibilidad de encontrar trabajo en su área profesional y debieron crear su propio proyecto, que requiere de la competitividad global y aplicación máxima de talento.

La incorporación de TRIZ en las Instituciones de Educación Superior (IES), se ha considerado como una alternativa viable para complementar los planes y programas curriculares que cursan los estudiantes y lograr generar planes exitosos de negocios, casos de innovación tecnológica y patentes. Se puede mencionar como ejemplo a las áreas de ingeniería mecánica, eléctrica, química, bioquímica, aeronáutica, robótica, mecatrónica, ambiental e industrial, entre las más representativas [9]. Además, la inclusión de TRIZ en la formación académica de estudiantes de nivel superior implica generar las capacidades necesarias para desarrollar innovaciones y adquirir competencias académicas y laborales. Actualmente se reconoce una gran diversidad de proyectos y aportaciones para la generación y selección de ideas con TRIZ, así como la clasificación y desarrollo estratégico de productos y servicios [10]. Los estudios afirman que es posible extender y agrupar el esfuerzo conjunto de todos los implicados en una organización, para consolidar y evolucionar la actividad de innovar continuamente, mediante la aplicación de las herramientas TRIZ [11]. Es por ello que en la actualidad se considera a TRIZ como una metodología formal para la innovación sistemática, que utilizada por empresas en todo el mundo para resolver de manera innovadora sus problemas técnicos. En los siguientes apartados de este capítulo se describe la metodología empleada para realizar el estudio y se expone un análisis cronológico referente a la enseñanza, difusión e incorporación de la Metodología TRIZ en planes, programas y actividades de innovación en Instituciones de Educación Superior (IES), mediante una investigación documental descriptiva.

4. 2 Materiales y método

Se realizó una investigación documental, mediante las etapas necesarias para la definición del tema, el planteamiento de estrategias de búsqueda, indagación y localización de información, el acceso a bases de datos históricos y registros, empleo de la información, así como la selección y síntesis.

El alcance de la investigación realizada es de tipo descriptivo y se limita primordialmente a la consulta de diversas fuentes bibliográficas como textos académicos, artículos de revistas indizadas, tanto impresas como en formato electrónico de las memorias de foros, congresos y bases de datos de editoriales de publicaciones de alto impacto, referentes a TRIZ y su relación con la educación. En la investigación se considera el análisis de los casos publicados de la Metodología TRIZ en el contexto nacional e internacional, así como sus tendencias, relación con la formación y competencias de innovación. Se establecen los estudios de caso de la teoría de resolución de problemas de inventiva TRIZ y sus herramientas aplicadas. La investigación se llevó a cabo, acorde a las condiciones y regulaciones legales propias de cada empresa, organización e institución que brindaron acceso y permitieron la recolección de datos e información.

4.3 La innovación y creatividad como elementos fundamentales para elevar la competitividad

Desde el enfoque económico se ha definido históricamente a la innovación como el proceso de encontrar aplicaciones económicas para las invenciones [12]. En su definición etimológica, la Real Academia Española de la Lengua [13], define innovación como la acción o el efecto de innovar y la creación o modificación de un producto, y su introducción en un mercado. Las dos definiciones resaltan la función económica, es necesaria la aplicación en el mercado. Innovar es convertir ideas e inventos en productos, procesos o servicios nuevos o mejorados, con aceptación en el mercado y aplicación en la sociedad [14]. El Manual de Oslo [15], establece que innovar es utilizar el conocimiento y generarlo si es necesario, para crear productos, servicios o procesos que son nuevos para la empresa, o mejorar los ya existentes, consiguiendo con ello tener éxito en el mercado. Por su parte la OCDE [16], ha definido el término de innovación como: la introducción de un producto o proceso, nuevo o significativamente mejorado, o la introducción de un método de comercialización o de organización aplicado a las prácticas de negocio, a la organización del trabajo o las relaciones externas. Ésta última definición se ha convertido en el estándar aceptado por los países miembros de esta organización y es considerada como la de mayor aceptación en México, por parte del Consejo Nacional de Ciencia y Tecnología [17] e incorporada como base a sus programas de estímulos a la innovación y en los de la Red Nacional de Consejos y Organismos Estatales de Ciencia y Tecnología [18].

En términos generales, la innovación se refiere al hecho de producir, asimilar y explotar una novedad tecnológica, con la aportación de soluciones inéditas a un problema determinado o cubrir una necesidad especifica [19]. El Manual de Frascati puntualiza que la Investigación y el Desarrollo comprenden el trabajo creativo llevado a cabo de forma sistemática para incrementar el volumen de conocimientos, incluido el conocimiento del hombre, la cultura y la sociedad y el uso de esos conocimientos para derivar nuevas aplicaciones [20].

La OCDE clasifica a la innovación en cuatro rubros: producto, proceso, mercadeo y organizacional. Son los dos primeros donde recaen la mayor parte de las aportaciones viables que son sustentadas y patentadas [17].

Por otra parte, la creatividad se define como la facultad de crear o el poseer la capacidad de creación [13]. La creatividad es un estado permanente de descubrimiento, ya que el ser humano es creativo en sí mismo y lo único que debe hacer es destapar esa facultad que esta camuflada. La creatividad también se define como la búsqueda de la sorpresa, las personas creativas a lo largo de la historia son personajes que han pensado de forma diferente en aspectos estéticos y culturales [21]. Creatividad también significa cuestionar lo establecido y buscar nuevas y mejores formas de hacer las cosas [3]. Se puede decir entonces, que la creatividad es la creación de ideas, mientras que la innovación es la comercialización de ellas. La innovación es importante para el negocio y permite a una empresa competir con éxito, de manera rentable en el mercado rápidamente cambiante de hoy (Monnier, 2006).

4.4 La teoría de resolución de problemas de inventiva (TRIZ)

La metodología TRIZ fue desarrollado en la antigua Unión de Repúblicas Socialistas Soviéticas (URSS) por Genrich Saulovich Altshuller en 1946 [22]. De acuerdo a Oropeza[7], Altshuller laboró como analista en la oficina de registro de derechos de autor de la marina soviética y analizó los reportes técnicos contenidos en las solicitudes de los registros. Savransky [6] plantea que TRIZ es la metodología para solución de problemas de la invención, acrónimo de idioma ruso dado a la Teoría Innovadora para la Solución de Problemas.

En la Figura 1 se muestra lo que Coates [23], expone como los métodos y técnicas para innovar más representativos que son enseñados en las Universidades. Como se puede observar, TRIZ representa un elemento que puede integrar sinergias representativas en los modelos de innovación conocidos y destacarse por su flexibilidad de adaptación. La Metodología TRIZ representa un conjunto de teorías, métodos y herramientas, que al aplicarse en conjunto con métodos convencionales y tradicionales, adquieren una sinergia para obtener mejores resultados en el proceso de innovación [24].

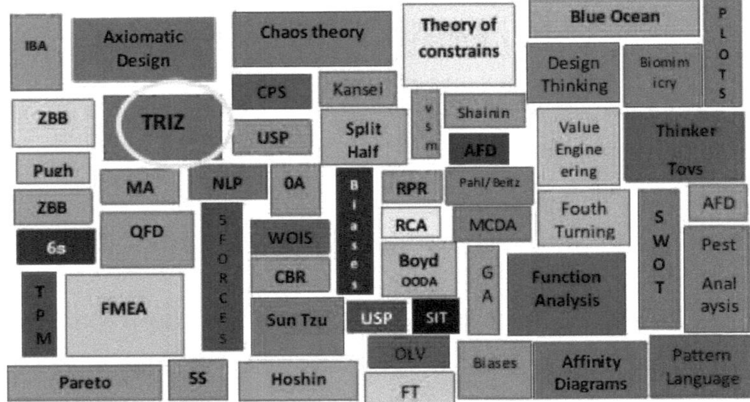

Figura 4.1. TRIZ como elemento para integrar sinergias en los modelos de innovación. Fuente: Adaptado de Coates[23].

Coates [23], establece que incluir a la innovación en la época actual implica obtener resultados a partir de la solución a problemas complejos, permite ser competitivos y equilibrar el nivel y calidad de vida de las sociedades. TRIZ supone que los problemas de innovación tecnológica ya han sido resueltos y que las soluciones aportadas se pueden clasificar y ordenar de forma que es posible contar con la base de conocimiento para subsecuentes mejoras, lo que le permite ser una metodología sistemática para convertir la creatividad y la innovación en un sistema de algoritmos y principios [25]. El esquema general que aporto su creador, el profesor Altshuller, para resolver un problema particular de inventiva o innovación tecnológica, se presenta en la Figura 4.2.

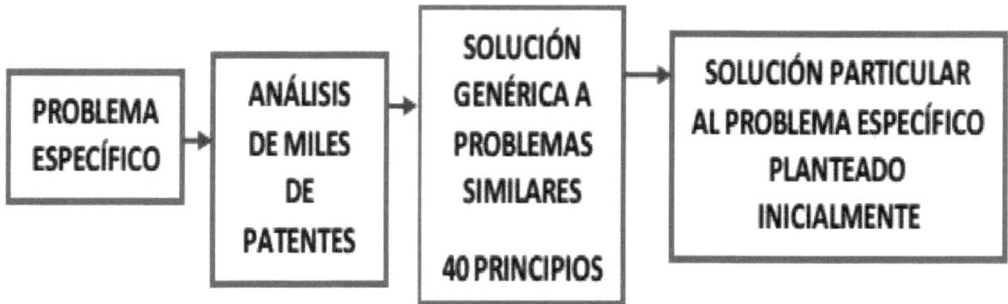

Figura 4.2. Esquema general de la metodología TRIZ para resolver un problema específico de inventiva o innovación tecnológica, con base a soluciones genéricas encontradas en miles de patentes. Fuente: Adaptado de Carro.

En la Figura 4.3 se muestra el modelo de innovación sistemática basado en TRIZ, que responde a las necesidades modernas del mundo empresarial competitivo. Este modelo ha sido elaborado a partir de dos conceptos esenciales: uno de abstracción y otro de concretización.

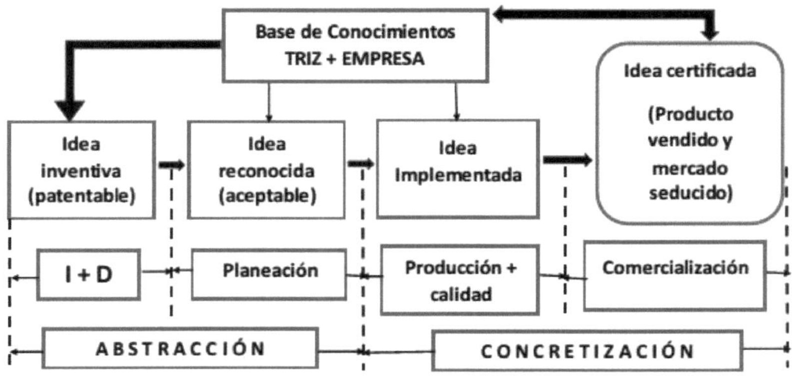

Figura 4.3. Modelo de innovación sistemática basado en TRIZ. Fuente: Adaptado de Córdova y Carro [25-26]

Acorde con Córdova y Arellano, et al. [28], el proceso de innovación comienza con una idea creativa, extraordinaria y patentable, culmina cuando esta idea se certifica y sólo el cliente final tiene esta facultad, para acreditar las ideas. La única manera de saber que el cliente certifica una idea es cuando éste queda satisfecho con el producto y demuestra lealtad, ninguna otra certificación de ideas es más confiable o más deseable y su principal indicador es un hecho concreto, el incremento espectacular de las ventas. Cuando esto se consigue, simultáneamente, la base de conocimientos de la empresa se encuentra en constante crecimiento, retroalimentación y evolución, para conformar el camino para ideas futuras. El modelo conceptual de Innovación sistemática con TRIZ, abarca dos etapas: la abstracción y la concretización. Las organizaciones que han logrado este objetivo, mediante TRIZ, no sólo han sobrevivido a las exigencias de las nuevas condiciones del mercado, sino que han logrado avances espectaculares en su competitividad y han impactado de manera sensible sus economías, el bienestar de la empresa y a la sociedad en general [27].

4.5 Cronología de la enseñanza, aplicación y difusión de la metodología TRIZ

Los antecedentes de aplicación de TRIZ en organizaciones nacionales y extranjeras, han comprobado resultados evidentes y enfocados a su empleo operativo, asistido y orientado en la creación de innovación en productos y servicios. Los casos de organizaciones mexicanas de diferente capacidad, exponen también efectos positivos de trascendencia productiva, flexibilidad estratégica y capacidad innovadora, componentes necesarios para el fortalecimiento de la numerosa cantidad de empresas, que conforman la base económica de la actividad empresarial Mexicana. Los investigadores de esta tendencia de innovación, establecen que TRIZ es un amplificador de talentos creativos [28] y sus herramientas son filtros de innovación. En sus antecedentes, el creador de TRIZ, Genrich S. Altshuller en 1946, explicó que es una guía para resolver problemas [29]. En el contexto internacional, es en Rusia donde se establecen las primeras empresas de ingeniería de TRIZ a partir de 1980 y en los Estados Unidos desde 1992, tiempo a partir de cual la difusión de la metodología se realizó más en empresas que en las universidades o centros de investigación. También se reporta su aplicación en países como Israel, Japón, Corea del sur, China y escasamente en Latinoamérica, lugares que se han distinguido por la aceptación y promoción de TRIZ [7]

Es a partir del año de 2004, que la Asociación Mexicana de TRIZ, A.C. (AMETRIZ), ha realizado foros, congresos y cursos especializados, cuya labor fundamental es la enseñanza, la difusión de técnicas sistemáticas para la innovación tecnológica y el acopio de la base documental y casos publicados principalmente en territorio nacional [30]. AMETRIZ es considerada como la primera Asociación latinoamericana de TRIZ y ha realizado su actividad de investigación, mediante la participación de científicos, empresarios y académicos de universidades de todo el mundo, en colaboración con The TRIZ Journal, así como la asociación con diferentes instituciones de educación superior y centros de investigación tales como: The Altshuller Institute for TRIZ Studies, el Instituto Politécnico Nacional (IPN), Instituto Tecnológico de Estudios Superiores de Monterrey (ITESM), Universidad Nacional Autónoma de México, la Benemérita Universidad Autónoma de Puebla (BUAP), Instituto Tecnológico de Puebla (ITP), la Universidad Autónoma de Nuevo León (UANL), Universidad Tecnológica Nacional (UTN) de Buenos Aires en Argentina, entre las instituciones más representativas.

La metodología TRIZ también puede ser comprendida, por jóvenes de secundaria, como sucedía en la ex Unión de Repúblicas Socialistas Soviéticas [30]. Se considera que la metodología TRIZ es susceptible de aplicarse por cualquier persona con o sin un grado académico formal y puede ser aprendida para su aplicación en educación básica y media, por lo que la incorporación en primarias y secundarias, permitirá generar conocimiento en países subdesarrollados de América Latina [9]. Asimismo, se afirma que la innovación como proceso no es dependiente del grado académico formal e implica un reto continuo, el desarrollo de alternativas para evolucionar el conocimiento y lograr obtener la mente de obra indispensable para la competitividad.

En un diagnóstico respecto a México, se concluyó que existe un sistema de educación que no prepara para el trabajo y un sistema de capacitación laboral disperso y de calidad irregular [3], por lo que una alternativa viable, ante la falta de capacitación de recursos humanos, es encontrada en la metodología TRIZ, cuyas herramientas y características contribuyen efectivamente para afianzar la actitud innovadora y los procesos de mejora en las empresas que la han utilizado, donde se distinguen iniciativas ascendentes que son sugerencias de los trabajadores, iniciativas horizontales que son de ámbito individual o grupal e iniciativas descendentes, cuando son canalizadas desde la dirección de las compañías.

TRIZ es un método científico para la creatividad y la innovación, incluso actualmente se ha propuesto la incorporación de TRIZ en los planes y programas de la formación de egresados universitarios; debido a que muchos graduados de las universidades reportaron la imposibilidad para encontrar un buen trabajo dentro de su área profesional y un gran número de titulados, optaban por realizar su propio proyecto de empresa [8]. La metodología TRIZ representa una alternativa que asiste a las actividades de emprendimiento de negocios. En los tiempos actuales, un proyecto de emprendimiento propio exige de la competitividad global y la aplicación de los talentos al máximo, para que el proyecto recién creado adquiera una ventaja competitiva superior que otras miles de empresas, en otras palabras, el mundo actual exige desarrollar una carrera u ocupación de calidad mundial. La clave está en desarrollar la innovación a nivel de excelencia mundial.Para una IES el conocimiento de TRIZ resulta viable y necesario, sin embargo, son empresas extranjeras y pocas Instituciones de Educación Superior privadas, las que en su mayor parte han tenido acceso a la metodología TRIZ. Zapata y Treviño [31], en su aportación establecen que el conocimiento de las herramientas de TRIZ ha incrementado la capacidad inventiva e innovadora del personal en industrias de todos tipos y tamaños, en especial, una gran cantidad de empresas destacadas en Estados Unidos de América, se han beneficiado con esta metodología. En contraste, en México, TRIZ es prácticamente desconocida, los reportes y una aproximación realizada por investigadores, diagnostica un bajo nivel de conocimiento y aplicación de TRIZ en territorio nacional, se estima que en una entidad federativa de México, el 87% de las organizaciones no conocen la metodología TRIZ. Acorde con Oropeza [7], el avance y aplicación de la Metodología TRIZ se ha presentado en tres distintas modalidades, que se aprecian en la Tabla 4.1.

Tabla 1. Modalidades del avance y aplicación de la Metodología TRIZ.

Modalidad		
CERRADO	**ABIERTO**	**ACADÉMICO**
80 %	**3%**	**17 %**
Exclusivo para empresas en sus propias instalaciones. Se ha presentado en mayor grado en compañías de gran magnitud, o en sucursales de grandes organizaciones multinacionales altamente innovadoras, a nivel local no generan innovaciones. Los ejecutivos de las empresas, solo reciben instrucciones de las innovaciones que deben aplicar y que son generadas en los laboratorios o centros de investigación.	Disponible al público en general, puede asistir cualquier persona, inclusive consultores. También se refiere también a empresas netamente latinoamericanas, muchas de ellas pequeñas y medianas, e inclusive de carácter familiar; los ejecutivos no le prestan atención a la capacitación y actualización de sus empleados y solamente cumplen con lo que marca la legislación laboral al respecto.	A estudiantes, profesores e investigadores de educación superior. Son escasas las universidades y centros de investigación nacionales y extranjeros. En México en el año 2015, se reporta a 14 instituciones que incluyen a TRIZ en sus programas de formación de capital humano, de las cuales 9 son universidades.

Fuente: Elaboración propia con base a Oropeza[7], AMETRIZ[30], De la llave y Perez[32]

Existe una ponderación aproximada de 80% de casos de aplicación de TRIZ en modalidad cerrada, un 17 % en modalidad académica y un 3% en modalidad abierta, esta ponderación se aprecia en la Figura 4.4. Esta aproximación se mantiene en actualización y se ha amplificado en el año

2015, ya que en los países europeos y sobretodo en Asia, se ha incrementado la actividad académica, mediante foros y congresos, tales como: el TRIZfest-2016 de China, el TRIZfest-2015 de Corea, TRIZCON2016 New Orleans, LA en U.S.A y en el caso de México y Latinoamérica el Congreso de Innovación y Desarrollo de Productos que organiza la Asociación Mexicana de TRIZ (AMETRIZ), que tuvo como sede a Argentina para el Primer Congreso Argentino de TRIZ 2016.

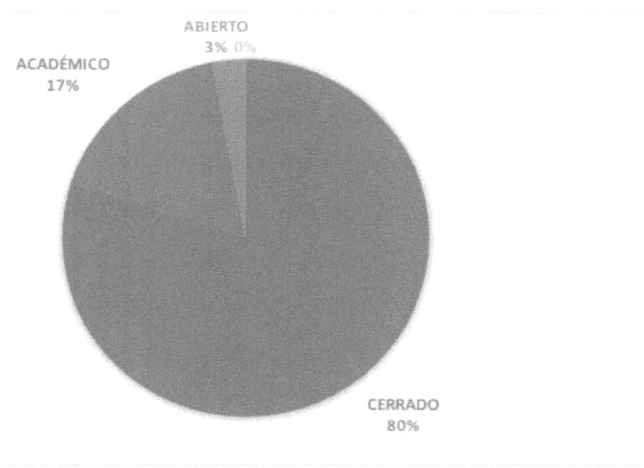

Figura 4.4. Ponderación de las modalidades del avance y aplicación de TRIZ. Fuente: Elaboración propia

Acorde con Oropeza [7], las empresas de gran magnitud son las que se han beneficiado más del conocimiento y aplicación de TRIZ. La incorporación de TRIZ en los planes y programas de las IES, involucra generar capacidades que se necesitan en los egresados para desarrollar innovaciones. Estas competencias son necesarias para el diseño de productos y las actividades de creación de innovaciones de manera sistemática. Recientemente, se reconocen propuestas para la innovación en Pymes, para la generación y selección de ideas con TRIZ, así como la clasificación y desarrollo estratégico de productos [10]. Por otra parte, Córdova y Macías [33], reportan que durante más de una década, ha resultado arduo el esfuerzo de implementar TRIZ en las organizaciones e instituciones mexicanas, a pesar de que se haya demostrado la efectividad de la metodología reiteradamente. Sin embargo, exponen que la creatividad y la innovación son competencias humanas que se adquieren, se transmiten y se gestionan. Para lo anterior, se recomienda centrar el esfuerzo en cuatro etapas representativas y estratégicas para implementar TRIZ, estas son: reeducación, desarrollo de competencias y habilidades, priorizar acciones y el monitoreo. TRIZ cuenta con las herramientas técnicas requeridas para lograr la innovación, bajo la consideración de un eje central basado en la creatividad colectiva de las instituciones, cuyo esfuerzo genera una ventaja competitiva mediante la creación de ideas nuevas y originales. Es necesario desarrollar una actitud encaminada a la innovación sistemática, como una ideología que busca romper los paradigmas tradicionales y que permite un método de trabajo que instituye un liderazgo trascendente, para que cada elemento humano se identifique con los objetivos institucionales [34]. En la Figura 4.5, se muestra una línea de tiempo que exhibe el avance y aplicación de TRIZ, desde sus inicios hasta su divulgación en Latinoamérica y México. Dicha línea de tiempo se logró estructurar a partir de la revisión documental realizada para este estudio y cubre el periodo de 1946 a 2014. Como se puede observar es hasta el año 2004 que la metodología se empieza a difundir de manera formal en México a través de la AMETRIZ

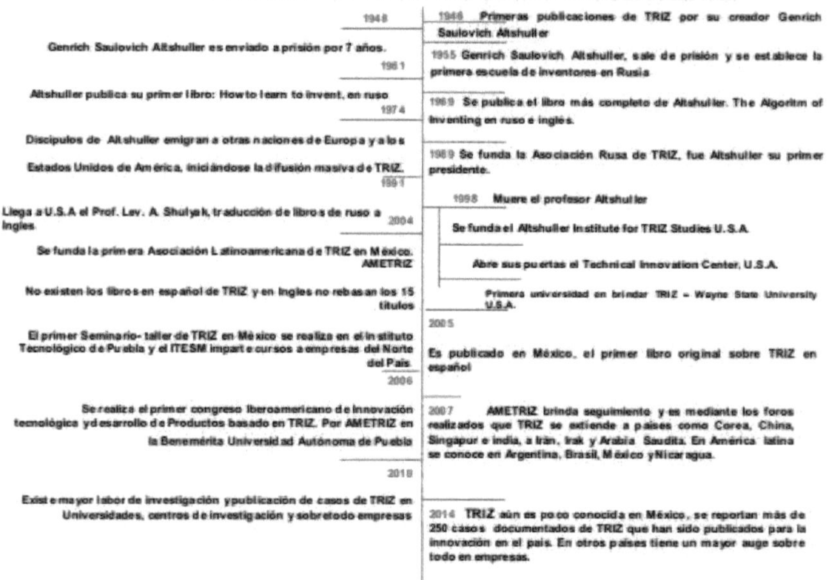

Figura 4.5. Linea de tiempo respecto al avance de la difusion y apluicacion de TRIZ. Fuente. Elaboración propia.

En la Tabla 4.2 se describen los antecedentes históricos representativos que los expertos han documentado en sus aportaciones, en lo referente al avance de la difusión y aplicación de la metodología TRIZ, hasta su enseñanza y estudio en México y algunos países. Para ello se realizó la revisión, análisis y selección de las publicaciones en relación a TRIZ y sus tendencias de aplicación.

Tabla 4.2. Cronología histórica representativa de la Metodología TRIZ

Fecha	Evento histórico	Observaciones
2016	Se programa el TRIZfest-2016 en Beijin China Se programa la realización del 1er Congreso Argentino de TRIZ, organizado por AMETRIZ.	Se suspende la realización del foro de innovación en México y se apertura el capítulo en Argentina.
2015	Chechurin leonid TFC 2015 – TRIZ FUTURE 2015, publica TRIZ in science. Reviewing indexed publications, para establecer las tendencias de aplicación de TRIZ en la ciencia formal. Se realiza el TRIZfest-2015 en Seúl, Corea. TRIZ se extiende y consolida en ASIA, se incrementa la producción científica en Japón, India, Corea del sur y China. Existe mayor aplicación de la metodología en investigación y ciencias. Se realiza el X Décimo Congreso de Innovación Tecnológica y Desarrollo de Productos. En el ITESM campus Monterrey.	Se publica el cuarto libro de TRIZ en Español por: Vladimir, P. (2015). Fundamentos de la Teoría para la Solución de los Problemas Inventivos (TRIZ)
2014	TRIZ aún es poco conocida en México, se reportan más de 250 casos documentados de TRIZ que han sido publicados para la innovación en el país. En otros países tiene un mayor auge sobre todo en empresas. Se realiza el IX noveno Congreso Iberoamericano de Innovación Tecnológica y Desarrollo de Nuevos Productos	En el ITESM campus Ciudad de México.
2013	Se realiza el VIII octavo Congreso Iberoamericano de Innovación Tecnológica y Desarrollo de Nuevos Productos	En Mérida, Yucatán, por la Universidad Autónoma de Yucatán
2012	Se realizó la VII séptima versión del Congreso Iberoamericano de Innovación, basado en TRIZ.	En Orizaba, Veracruz, México. En el Instituto Tecnológico de Orizaba.
2011	Se realizó la VI sexta versión del Congreso Iberoamericano de Innovación Tecnológica basada en TRIZ. En el ITESM campus Querétaro.	Se publica un tercer libro de TRIZ en español. Oropeza, R. (2011). Niños y jóvenes creativos e innovadores en un tris…con TRIZ. México: Panorama.
2010	Existe mayor labor de investigación y publicación de casos de TRIZ en Universidades, centros de investigación y sobretodo empresas. Se realizó la V quinta versión del Congreso Iberoamericano de Innovación Tecnológica basada en TRIZ, realizado en el centro cultural Universitario de la BUAP. En la ciudad de Puebla.	Se publica el segundo libro en español de TRIZ. Oropeza, R. (2010). TRIZ, La metodología más avanzada para acelerar la innovación tecnológica sistemática.
2009	Se realizó la IV cuarta versión del Congreso Iberoamericano de Innovación Tecnológica basada en TRIZ, realizado en instalaciones del Campus Santiago-San Joaquín de la Universidad Santa María, en Chile.	Se suspende la realización del foro de innovación en México y se traslada a Chile.
2008	Se realizó la III tercera versión del Congreso Iberoamericano de Innovación Tecnológica basada en TRIZ.	En Guadalajara, Jalisco, México.
2007	Se realizó la II segunda versión del Congreso Iberoamericano de Innovación Tecnológica basada en TRIZ, en la Universidad Autónoma de Nuevo León. AMETRIZ brinda seguimiento y es mediante los foros realizados que TRIZ se extiende a países como Corea, China, Singapur e india, a Irán, Irak y Arabia Saudita.	En América latina se conoce en Argentina, Brasil, México y Nicaragua.
2006	Se realiza el I primer congreso Iberoamericano de Innovación tecnológica y desarrollo de Productos basado en TRIZ.	Por AMETRIZ en la Benemérita Universidad Autónoma de Puebla
2005	Es publicado en México, el primer libro original sobre TRIZ en español	Coronado, M., Oropeza, R. y Rico, E. (2005). TRIZ, la metodología más moderna para inventar o innovar tecnológicamente de manera sistemática. México. D.F: Panorama.
2004	Se funda la primera Asociación Latinoamericana de TRIZ en México. AMETRIZ	No existen los libros en español de TRIZ y en Ingles no rebasan los 15 títulos El primer Seminario- taller de TRIZ en México se realiza en el Instituto Tecnológico de Puebla y el ITESM

		imparte cursos a empresas del Norte del País
2000	Se publica el libro: Engineering ofCreativity Introduction to TRIZ Methodology ofInventive ProblemSolving	Semyon D. Savransky
1998	Muere el profesor Altshuller Se funda el Altshuller Institute for TRIZ studies U.S.A.	Abre sus puertas el Technical Innovation Center U.S.A. Primera universidad en brindar TRIZ – Wayne State University U.S.A.
1991	Llega a U.S.A el Prof. Lev. A. Shulyak,	Se realizó la traducción de libros de ruso a Ingles
1989	Se funda la Asociación Rusa de TRIZ.	Altshuller fue su primer presidente.
1974	Discípulos de Altshuller emigran a otras naciones de Europa y a los Estados Unidos de América.	Se inicia la difusión masiva de TRIZ
1969	Se publica el libro más completo de Altshuller. The Algoritm of Inventing	En idioma Ruso e Inglés
1961	Altshuller publica su primer libro: How to learn to invent	En idioma ruso
1955	Genrich Saulovich Altshuller, sale de prisión	se establece la primera escuela de inventores en Rusia
1948	Genrich Saulovich Altshuller es enviado a prisión por 7 años.	
1946	Primeras publicaciones de TRIZ	por su creador Genrich Saulovich Altshuller

Fuente: Elaboración propia con base a Coronado, et al.[22], Oropeza [7,9], Petrov [35], Chechurin [36] y AMETRIZ [30]

En la Tabla 4.3 se muestran numéricamente las publicaciones de años recientes, que han sido examinadas y posteriormente seleccionadas de los congresos y foros, respecto a su contenido de aplicación de la Metodología TRIZ.

Tabla 4.3. Revisión de las publicaciones de congresos y foros en relación a la aplicación de TRIZ

Fuente de información	Número de publicaciones examinadas	Número de publicaciones relacionadas con TRIZ.
Congreso de Innovación Tecnológica y desarrollo de productos, basado en TRIZ. Revisión de las publicaciones (2006 - 20015)	218	190
Compendio Investigativo de Academia Journals Celaya 2015	1,132	5
Congreso Internacional de Investigación en Ciencias y Sustentabilidad Academia Journals 2015	520	2
Congreso Internacional de ciencias Administrativas Revisión de las publicaciones ACACIA (2010 a 2015)	1,307	1
Red Internacional de Investigadores en Competitividad RIICO (2010 a 2015)	602	1
TOTAL	**3,779**	**199**

Fuente: Elaboración propia.

Se han identificado tres áreas de análisis de la aplicación de la metodología TRIZ con un 43% en diseño del producto, 31 % en la gestión de negocios y un 26 % en tecnología para empresas. En la Figura 4.6, se muestra una línea de tiempo de época reciente, que abarca el periodo del año 2000 al 2016, respecto a los campos de aplicación más representativos de TRIZ, considerados en la revisión de las publicaciones de Congresos y foros en México y Latinoamérica.

Figura 4.6. Línea de tiempo respecto a los campos de aplicación más representativos de TRIZ, considerados en la revisión de las publicaciones de Congresos y foros en México y Latinoamérica.

En la Tabla 4.4 se considera la selección de un total de 2,540 artículos de revistas procedentes de diferentes bases de conocimiento internacional y que guardan relación con la aplicación de TRIZ, en un periodo de tiempo que abarca del año 2000 al 2016, de las cuales se seleccionaron las publicaciones cuya información se encuentra actualizada.

Tabla 4.4. Revisión de las publicaciones de artículos de revistas en relación a la aplicación de TRIZ

Fuente de información	Periodo de las publicaciones	Número Total de publicaciones respectivas con TRIZ.
World Development	2015	2
Procedia Engineering	2015 - 2016	124
International Journal for Interactive Design and Manufacturing	2015 - 2016	3
Chemical Engineering Research and Design	2015	7
Indian Journal of Science and Technology	2016	1
Applied Mechanics and Materials	2014 - 2015	4
Quality and Reliability Engineering	2016	1
Technology and health care: official journal of the European Society for Engineering and Medicine	2016	1
Middle East Journal of Scientific Research	2016	1
Journal of Mechanical Engineering	2015	5
Chinese Journal of Mechanical Engineering	2014	2
Social and Behavioral Sciences	2015 - 2016	4
Energy and power engineering	2016	1
Global journal of health science	2015	1
Journal of Integrated Design and Process Science	2015	3
Journal of Engineering Design	2013 - 2015	2
Computer-Aided Design	2012 - 2015	10
Asian Social Science	2014	2
Computers & Industrial Engineering	2013 - 2015	3
International Journal of Engineering Education	2011 - 2015	15
Middle East Journal of Scientific Research	2015	1
International Journal of Advanced Manufacturing Technology	2012 - 2015	8
International Journal of Innovation Science	2011	2
Computers & Chemical Engineering	2012	2
Journal of the Chinese Institute of Industrial Engineers	2012	2
Journal of Mechanical Design	2012 - 2015	6
TOTAL:	**2011 al 2016**	**213**

Fuente: Elaboración propia.

Es importante establecer que las aportaciones y casos de TRIZ son escasos a nivel internacional, sin embargo, los datos contenidos en la Tabla 4.4, indican que en 2015 y 2016, las Instituciones de Educación Superior y organizaciones, realizaron publicaciones acerca de las aplicaciones de la metodología TRIZ y han adquirido una afluencia elevada en revistas de alto impacto y ciencia formal. En otra referencia, Chechurin [36], presento su investigación intitulada TRIZ in Science. Reviewing Indexed Publications, en el 15th International Conference of the European TRIZ Association ETRIA- TRIZ FUTURE 2015, que se realizó en Octubre del 2015 en Berlín y publicada en Procedia. En dicho estudio se define a TRIZ como un conjunto de herramientas de métodos para apoyar la creatividad sistemática y plantea que recientemente se ha focalizado la atención en TRIZ, debido a que las innovaciones se convirtieron en un recurso reconocido por la riqueza en el mundo moderno. En su aportación realizo la revisión basada en documentos de SCOPUS que contiene el término TRIZ en el abstract (resumen), título o en las palabras clave. El estudio de Chechurin, considero alrededor de 1,200 publicaciones recuperadas, donde analiza brevemente por la co-aparición de otras herramientas o términos más populares y conocidos. En la Tabla 4.5, se establece la referencia del estudio realizado por Chechurin y se presenta la revisión estructurada sobre TRIZ en las diversas áreas de aplicación, el número entre paréntesis es la cantidad de trabajos sobre el tema, de acuerdo a los 100 artículos más citados, algunas publicaciones que se acoplan a varios campos.

Tabla 4.5. Contenido de los estudios de TRIZ en publicaciones indexadas de alto impacto (antes de julio de 2014

	Total amount of papers in TAK Fields, amount	**Column 2 selection AND TRIZ in TAK fields, amount (in %)**
TRIZ	1,200	1,200 (100)
computer aided innovation	93	56 (60)
C-K theory (design reasoning)	58	7 (12)
synectics	40	4 (10)
axiomatic design	740	51 (6.9)
kano model	269	18 (6.7)
DFSS	400	15 (3.7)
DFMA	260	6 (2.3)
technology forecasting	900	20 (2.2)
theory of constrains	900	16 (1.7)
brainstorming	2,350	35 (1.5)
quality function deployment	5,100	74 (1.5)
six sigma	4,000	34 (0.9)
case base reasoning	7,200	24 (0.3)
robust design	3,500	17 (0.4)
creativity	31,600	130 (0.4)

Fuente: Chechurin[36]

En la Tabla 4.6 se pueden observar los resultados de la investigación: TRIZ in Science. Reviewing Indexed Publications de Chechurin [36].

Tabla 4.6. Resultados de la investigación: TRIZ in Science. Reviewing Indexed publications

Campos de aplicación más representativos de TRIZ.	Diseño de productos y procesamiento de información.
Instrumentos más empleados de TRIZ	Análisis contradicción
Forma más distintiva en que se emplea a TRIZ	Integración con otras herramientas y la aplicación adaptada para un campo específico.

Fuente: Elaboración propia con base a Chechurin[36]

4.6 Discusión e implicaciones

En este capítulo se ha mostrado un recuento histórico del desarrollo, evolución y proceso de adopción de la metodología TRIZ en el ámbito empresarial, pero sobre todo en el ámbito académico y la importancia que ha tenido para la mejora de procesos y productos. A partir del estudio cronológico se pudo constatar el incremento que ha tenido la publicación de artículos y trabajos sobre TRIZ en diferentes foros académicos. Así mismo se mostró la importancia que tiene para la formación de habilidades y capacidades en los estudiantes de licenciaturas que se ofrecen actualmente en las Instituciones de Educación Superior. Es necesario brindar las competencias necesarias a los egresados de la Instituciones de Educación Superior, para satisfacer las exigencias de los mercados globales y los cambios tecnológicos constantes. La incorporación de TRIZ en los planes y programas de estudios en algunas IES, han manifestado aportaciones positivas en favor de la competitividad de esas instituciones y ha permitido la creación de empresas, desarrollo y crecimiento de nuevos proyectos.

Las IES de México deben incorporar la innovación como una práctica continua y cotidiana, esto implica el diseño nuevos productos, investigación y actividades de innovación, la metodología TRIZ es la alternativa adecuada para agilizar y obtener resultados funcionales y necesarios para equiparar la vanguardia tecnológica mundial. En este nuevo siglo, se reconoce el rol central que cumple el capital intelectual y su calidad en los procesos de crecimiento económico y competitividad internacional. Los diagnósticos respecto a México apuntan a la existencia de un sistema de educación que no prepara para el trabajo y de un método de capacitación laboral disperso y de calidad irregular. Es de interés prioritario para las empresas contar con trabajadores de alta competitividad y es de interés para los trabajadores mantenerse competitivos en el mercado de trabajo.

4.7 Bibliografía

1. Flores, G., Garnica, J. y Millán, E. A., TRIZ como elemento de integración de planes de negocios, en la creación de nuevos productos y servicios. Caso: productores de la sierra norte del estado de Puebla. *IX Congreso Iberoamericano de Innovación Tecnológica y Desarrollo de Productos*.1-15. (2014)
2. Flores, G., Garnica, J. y Millán, E. A., Modelo de innovación asistido por TRIZ, como una alternativa de desarrollo y fortalecimiento de empresas emergentes en México. *Congreso Internacional de Investigación Academia Journals en Ciencias y Sustentabilidad.* Tuxpan, Veracruz, México, 3(4), 856-862 (2015).
3. Sifuentes, M. y Soracco, H. M., La gestión de la imaginación: innovación y creatividad ejes transversales en la educación corporativa para la competitividad. *I Congreso Iberoamericano de Innovación Tecnológica*(2006).
4. Garnica, J. y Nuño, J., Una visión de la innovación como elemento clave para mejorar la competitividad en las PyMes mexicanas. RIICO (Ed.). *V Congreso de la Red Internacional de Investigadores en Competitividad.* 365-379 (2011).

5. León, N., Flores, M., Aguayo, H. y Ortiz, S., La innovación en México, contexto actual y necesidades de las empresas Mexicanas. *VII Congreso Iberoamericano de Innovación Tecnológica* (2012)
6. Savransky, S. D. (2000). *Engineering of creativity: introduction to TRIZ methodology of inventive problem solving*. Boca Raton, USA: CRC Press LLC.
7. Oropeza, R. (2010). *TRIZ, La metodología más avanzada para acelerar la innovación tecnológica sistemática.* Monterrey, NL. Recuperado de: http://www.ametriz.com
8. García, F., González, G. y Seredinski, A., Formación de emprendedores con talento para Innovar. *III Congreso Iberoamericano de Innovación Tecnológica*(2008).
9. Oropeza, R., *Niños y jóvenes creativos e innovadores en un tris…con TRIZ*. México: Panorama(2011)
10. Aguayo, H., Cantú, C., Güemes, D. y Rivas, J. C., Modelo y programa de capacitación en competencias de innovación para las empresas Mexicanas. *VIII Congreso Iberoamericano de Innovación Tecnológica* (2013).
11. Arellano, A. y Córdova, E., Liderazgo trascendente. Una propuesta TRIZ. *III Congreso Iberoamericano de Innovación Tecnológica* (2008).
12. Shumpeter, A.J., *Capitalism, Socialism and Democracy.* (1951).
13. Real Academia Española . *Diccionario de la Lengua Española* (23ª Ed.). Recuperado de: www.rae.es (2014)
14. Fundación de la innovación Bankinter, Innovation: The Wealth of nations. *Future Trends Forum*. Madrid, España. Recuperado de: http://www.fundacionbankinter.org/ (2007)

15. Manual Oslo,. *Directrices para la recogida e interpretación de la información relativa a innovación.* (1997).
16. OCDE Publishing, Manual Oslo. *Medición de las Actividades Científicas y Tecnológicas. Directrices propuestas para recabar e interpretar datos de la innovación tecnológica.* París (2005).
17. CONACYT . Documento de Inducción al programa de estímulos a la innovación, disposiciones 2015.
18. *REDNACECYT. Informe del CONCYTEP.*(2014).
19. Garnica, J.. *Modelo sistémico para la innovación producto-tecnología, en las pequeñas y medianas empresas, un estudio de caso.* (Tesis de doctoral). Universidad Popular Autónoma del Estado de Puebla, Puebla, México[2012].
20. Escamilla, N., Garnica, J., Arrollo, C. y Niccolas, H., Una visión de los modelos y métodos utilizados en el diseño y desarrollo de productos. Academia Journals (Ed). *Congreso de investigación de las Ciencias y la Sustentabilidad.* Tuxpan, Veracruz, México, 2(3), 308-313 (2014).
21. López, C., *Homeopatía y psique, Trastornos psico-emocionales, diagnóstico y tratamiento.* Barcelona: vedra. (2009).
22. Coronado, M., Oropeza, R. y Rico, E.. *TRIZ, la metodología más moderna para inventar o innovar tecnológicamente de manera sistemática.* (2005).
23. Coates, D.A., *Tackling the Challenges of Innovation and Problem Solving.* AMETRIZ ITESM, Monterrey (2015)..
24. Seredinski, A. (Noviembre, 2007). TRIZ and Innovation Methods. *II Congreso Iberoamericano de Innovación Tecnológica.* Monterrey, NL, México.

25. León, N., TRIZ: Innovación estructurada para la solución de problemas y el desarrollo de productos, creatividad como una ciencia exacta. *Second LACCEI International Latin American and Caribbean Conference for Engineering and Technology LACCET'2004*: Challenges and Opportunities for Engineering Education, Research and Development(2004).
26. Carro, J.,. *Modelo de innovación tecnológica sustentable para la industria cerámica en Tlaxcala* (Tesis de doctoral). Universidad Popular Autónoma del Estado de Puebla, Puebla (2015).
27. Córdova, E., Un modelo de innovación bajo el concepto de TRIZ. *I Congreso Iberoamericano de Innovación Tecnológica.* Puebla (2006).
28. Arellano, A., Córdova, E. y Hernández, J.. La sexta generación de los modelos de innovación en la competitividad industrial, una propuesta TRIZ. *XII Congreso Internacional de la Academia de Ciencias Administrativas A.C.* (2008).
29. Barry, Katie; Domb, Ellen and Slocum, Michael S., What is Triz. *The Triz Journal. Real Innovation Network*.(2010)
30. Oropeza, R., El rol trascendental de la AMETRIZ, A.C., en la difusión masiva de metodologías sistemáticas para la innovación tecnológica. *I Congreso Iberoamericano de Innovación Tecnológica.* Puebla, México(2006).
31. Zapata, A. y Treviño, J. J., Dictamen sobre el conocimiento y aplicación de TRIZ en la industria maquiladora. *VI Congreso Iberoamericano de Innovación Tecnológica*. (2011).

32. De la Llave, A. y Pérez, M. G. (Octubre, 2008). Carencias de contenido de innovación en planes de estudios superiores en México. *III Congreso Iberoamericano de Innovación Tecnológica.* Guadalajara, Jal, México.
33. Córdova, E. y Macías, J. L. (Octubre, 2012). Modelo para la implementación de TRIZ como acción estratégica para el éxito empresarial. *VII Congreso Iberoamericano de Innovación Tecnológica.* Orizaba, Veracruz, México.
34. Córdova, E. y García, F. (Diciembre, 2010). Los Cinco Atributos para la Innovación Sistemática, inspirados en la Filosofía TRIZ. *V Congreso Iberoamericano de Innovación Tecnológica Basado en TRIZ.* Puebla, México.
35. Petrov, V. 2015). *Fundamentos de la Teoría para la Solución de los Problemas Inventivos TRIZ:* Kindle ebook. (2015)..
36. Chechurin, L.. TRIZ in science. Reviewing indexed publications. *TFC 2015 – TRIZ FUTURE 2015.* Procedia CIRP 39 (2016) 156 – 165. (2016)

CAPÍTULO 5. EVALUACIÓN ESTRATÉGICA AMBIENTAL DEL PROGRAMA ESTATAL PARA LA PREVENCIÓN Y GESTIÓN INTEGRAL DE LOS RESIDUOS DE GUERRERO.

Yuridia Azucena Salmerón-Gallardo, Ana Laura Juárez-López, Cuerpo Académico En Consolidación UAT-CA-29, Medio Ambiente y Desarrollo Sustentable. División de Estudios de Posgrado e Investigación. Facultad de Ingeniería "Arturo Narro Siller". Universidad Autónoma de Tamaulipas. Campus Tampico-Madero Col. Universidad Poniente C.P. 89336 Tampico, Tamaulipas. Teléfono: (833) 241 20 00 ext. 3541, (833) 241 20 50 Directo.

René Bernardo Elías Cabrera-Cruz, Julio César Rolón-Aguilar, Cuerpo Académico Consolidado UAGro-CA-29 Ambiente y Desarrollo Regional. Unidad de Ciencias de Desarrollo Regional. Universidad Autónoma de Guerrero. Pino S/N, Col. El Roble C.P. 39640, Acapulco, Guerrero.*
**Email:rcabreracruz@docentes.uat.edu.mx*

Miguel Ángel Valera-Pérez, Edgardo Torres-Trejo, Departamento de Investigación en Ciencias Agrícolas. Instituto de Ciencias. Benemérita Universidad Autónoma de Puebla.

5.1. Introducción

La Evaluación Ambiental Estratégica (EAE) es una herramienta diseñada para evaluar el impacto de los Planes de desarrollo, Políticas y Programas (PPP) en una fase temprana del proceso de planificación global. Cuando se implementa correctamente, la EAE se considera que tiene claras ventajas en comparación con la evaluación de impacto ambiental aplicada a proyectos comunes. Es esencial para mover la evaluación ambiental y social en el proceso de planificación para evitar consecuencias adversas de las macro políticas de planificación, de planes y programas [1]. La EAE ha evolucionado significativamente en los últimos 25 años, comenzó ampliando los conceptos y la práctica de Evaluación de Impacto Ambiental del proyecto (EIA) para abordar de manera similar los niveles más altos de toma de decisiones, a raíz de lo que Lynton Caldwell llama "la anatomía de la política racional de decisiones: análisis-evaluación-decisión". El uso correcto de estas herramientas EAE facilita el desarrollo compatible con el medio ambiente y debe, si se aplican adecuadamente, minimizar los riesgos adversos del deterioro del medio ambiente, de los impactos acumulativos y garantizar los usos del suelo más compatibles. EAE es principalmente una herramienta de planificación para evaluar las implicaciones ambientales de los planes de desarrollo o estrategias [1].

Para identificar y evaluar las alternativas para un PPP de manera sistemática, los investigadores de EAE han desarrollado herramientas y métodos diversificados, incluida la evaluación del ciclo de vida, el análisis de costo-beneficio, el modelado de back-casting, el análisis de la capacidad de carga, y técnicas de Monte Carlo [2]. Si bien estos métodos han contribuido a la evaluación de alternativas, los problemas y los retos permanecen en la aplicación del proceso de evaluación ambiental estratégica. Hong Kong fue uno de los primeros países asiáticos en aplicar la EAE a los principales planes de desarrollo. Esto ha demostrado el compromiso del gobierno hacia la protección ambiental integrada. La aplicación de la EAE proporciona a los tomadores de decisiones información clave sobre los posibles impactos ambientales generados a partir de los desarrollos propuestos [1].

En México, diversos investigadores han hecho algunos esfuerzos por aplicar la EAE, como lo muestra por ejemplo el trabajo titulado Evaluación ambiental estratégica, propuesta para fortalecer la aplicación del ordenamiento ecológico; desarrollado en 2007, tomando como caso de estudio el Plan Maestro de las Escalas Náuticas Singlar o Escalera Náutica del Mar de Cortés. En este estudio los autores revisan en una primera aproximación, algunas fortalezas del andamiaje legal-administrativo que pueden facilitar el proceso de gestión y las soluciones instrumentales, a la vez que esbozan conceptualmente una herramienta de evaluación que propone mejorar el proceso de planificación.

5.2. Metodología

Se analizó la normatividad en materia RSU a través de la evaluación del PEPGIR del estado de Guerrero desarrollado por la Secretaría de Medio Ambiente y Recursos Naturales del estado de Guerrero, contiene los lineamientos, acciones y metas para el manejo integral de los residuos con el objetivo de conservar el ambiente y propiciar el desarrollo económico sustentable para asegurar la calidad de vida. Para la evaluación del programa se aplicó la Evaluación Estratégica Ambiental (EEA) que sirve en el análisis de alternativas que integran consideraciones ambientales y de sostenibilidad en la toma de decisiones estratégicas para evaluar el impacto de los Planes de desarrollo, Políticas y Programas (PPP) en una fase temprana del proceso de planificación [2].

La EEA se basa en métodos de análisis multicriterio como la Matriz Rápida de Evaluación de Impacto por sus siglas en inglés RIAM, desarrollada por Pastakia & Jensen [3], que se fundamenta en criterios de evaluación para proporcionar una valoración precisa en el análisis de PPP. El proceso metodológico consiste en la creación de indicadores ambientales, asignación de valores numéricos, cálculo de puntuaciones ambientales y evaluación de alternativas mediante las siguientes ecuaciones,

$$AT = (A1) * (A2) \quad \text{Ecuación 1.}$$

$$BT = (B1) + (B2) + (B3) \quad \text{Ecuación 2.}$$

$$ES = (AT) * (BT) \quad \text{Ecuación 3.}$$

$$Agregación\ ES = \sum[Alterativas](RB) + (C) \quad \text{Ecuación 4.}$$

$$Punt.\ Amb. = \sum(RB) + (A01) + (A02) + (A03) + (A04) + (A05) \quad \text{Ecuación 5.}$$

Donde:
(A1) y (A2): Puntuaciones individuales de los criterios para el grupo (A).
(B1), (B2) y (B3): Puntuaciones individuales de criterios para el grupo (B).
(AT): Resultado de la multiplicación de todas las puntuaciones (A).
(BT): Resultado de la suma de todas las puntuaciones (B).
ES: Puntuación ambiental.

La creación de indicadores ambientales y la selección de alternativas de mitigación se propusieron luego de una búsqueda de información y revisión de las investigaciones de Barton, Dalley & Patel[4], Berrón[5], Wanichpongpan & Gheewala[6], Kaplan, Ranjithan & Barlaz[7], Kaufman, Krishnan & Themelis[8], Morris [9], Zhang, Baral & Bakshi[10], Clavreul, Guyonnet & Christensen [11], Ingwersen, Curran, González & Hawkins, [12], Khoo, Tan & Tan [13], Manfredi & Goralczyk[14], Song, Wang & Li y Dong et al.[15-16], en las que se establecen indicadores y criterios de evaluación en materia de residuos bajo el esquema de la metodología RIAM. Consiguientemente, se aplicó la guía de verificación de la NOM-083-SEMARNAT-2003 a través de una lista de chequeo contenida en la guía para la realización de planes de regularización conforme a la norma [17], y el índice ambiental desarrollado por Vigueras[18] para evaluar el cumplimiento del SDF respecto de la NOM-083-SEMARNAT-2003[19-21]. Los instrumentos de evaluación se aplicaron en visitas de campo realizadas durante los años 2012 al 2014. Finalmente, se propusieron indicadores que plantean una solución viable para la toma de decisiones en función de las condiciones locales actuales, considerando aspectos básicos de las políticas ambientales para una gestión adecuada de RSU. Los indicadores se ubican en cuatro categorías definidas por Pastakia & Jensen[3]: Físico/Químicos (FQ); Biológico/Ecológicos (BE); Socio/Culturales (SC), incluyen aspectos humanos del entorno, y Económico/Operativos (EO) que incluyen aspectos cualitativos para identificar las consecuencias económicas del cambio ambiental, tanto temporales como permanentes. La integración de la matriz de evaluación se desarrolló mediante la asignación de valores numéricos para cada una de las alternativas propuestas específicamente para el área de estudio, éstos valores se transpusieron con cada indicador de las categorías FQ, BE, SC y EO utilizando los criterios de evaluación contenidos en la Tabla 5.1.

Tabla 5.1. Criterios de evaluación para la matriz RIAM.

Criterio	Escala	Descripción
A1: importancia de la condición	4	Importante para los intereses nacionales/internacionales
	3	Importante para los intereses regionales/nacionales
	2	Importante para las zonas inmediatamente fuera de la condición de local
	1	Importante únicamente a la condición local
	0	Sin importancia
A2: magnitud del cambio/efecto	+3	Mayor beneficio positivo
	+2	Mejora significativa en la situación actual, status quo
	+1	Mejora de la situación actual, status quo
	0	Sin cambios/status quo
	-1	Cambio negativo en el statu quo
	-2	Deterioro negativo significativo o cambio
	-3	Mayor deterioro o cambio
B1: permanencia	1	Sin cambios/no aplicable
	2	Temporal
	3	Permanente
B2: la reversibilidad	1	Sin cambios/no aplicable
	2	Reversible
	3	Irreversible
B3: acumulativa	1	Sin cambios/no aplicable
	2	No acumulativas/simple
	3	Acumulativa/sinérgico

Fuente: Pastakia & Jensen[3].

En el cálculo de las puntuaciones ambientales se emplearon las formulas (1), (2), (3), (4) y (5); la evaluación de las alternativas se realizó a través de los rangos de bandas incluidos en la **Tabla 5.2** para contrastar con la puntuación ambiental y determinar el potencial de impacto.

Tabla 5.2. Rangos de banda para contrastar la puntuación ambiental.

Puntuación Ambiental	Rango bandas	Descripción de bandas de rango
+72 a +108	+ E	Mayor cambio positivo/impactos
+36 a +71	+D	Cambio positivo significativo/impactos
+19 a +35	+ C	Cambio moderadamente positivo/impactos
+10 a +18	+ B	Cambio positivo/impactos
+1 a +9	+A	Cambio ligeramente positivo/impactos
0	N	Sin cambios/cambio de status quo/no aplicable
-1 a -9	-A	Cambio ligeramente negativo/impacto
-10 a -18	-B	Cambios negativos/impactos
-19 a -35	-C	Cambios moderadamente negativos/impactos
-36 a -71	-D	Cambio negativos significativos/impactos
-72 a -108	-E	Gran cambio negativo/impactos

Fuente: (Pastakia & Jensen, 1998).

5.3 Resultados y Discusión

La evaluación del PEPGIR aplicando la EEA mediante la metodología RIAM, analiza cinco alternativas que se proponen para el MRSU del área de estudio; estas alternativas integran consideraciones ambientales y de sostenibilidad para la elaboración de programas estatales de prevención y gestión integral de residuos en una fase temprana del proceso de planificación. En la Tabla 5.3, se presentan las alternativas de mejora para el manejo de los residuos sólidos urbanos a nivel local y estatal. Las alternativas propuestas se sustentan en la revisión de la literatura y el análisis de la normatividad aplicable para ofrecer una solución viable considerando el factor económico, el tratamiento de los residuos, la participación social, la vida útil del SDF, los impactos y las condiciones ambientales del agua, aire, suelo, flora y fauna, la salud pública, el tipo de tecnología factible de implementar en el área de estudio así como los riesgos ambientales que genera el proceso de tratamiento.

Tabla 5.3. Alternativas de mejora en el manejo de los RSU.

Alternativas de mejora en el MRS	
A1.	Separación de residuos y ampliación de recolección
A2.	Construcción de estaciones de transferencia y SDF intermunicipales
A3.	Construcción de plantas de compostaje, reciclaje y producción de biogás
A4.	Plan de inversiones para el mejoramiento de equipos e infraestructura
A5.	Educación de la población y trabajadores para el establecimiento del sistema de GIRSU

Fuente: Elaboración propia.

Los indicadores ambientales que se seleccionan para la evaluación del PEPGIR se sustentan sobre la base de la revisión bibliográfica y de la normatividad. En la Tabla 5.4, se identifican 11 indicadores distribuidos en 4 categorías. La categoría de Físico/Químicos (FQ) contiene 2 indicadores para evaluar el impacto en el agua y aire; la categoría Biológico/Ecológicos incluye 3 indicadores para evaluar los impactos en el suelo, flora y fauna; la categoría Socio/Cultural incluye 3 indicadores para la evaluación del impacto en el ecosistema local y la salud pública, y la categoría Económico/Operacional incluye 3 indicadores para evaluar el impacto en manejo de los residuos. Los indicadores planteados siguen los principios de evitar o minimizar la generación de RSU, recuperar y reaprovechar los materiales que sean técnicamente posibles y económicamente factibles para establecer fortalezas, debilidades, áreas de oportunidad y tendencias normativas que permitan desarrollar un mejor manejo integral de RSU a nivel local y estatal.

Tabla 5.4. Indicadores ambientales y categorías para la evaluación rápida de impacto ambiental.

Categorías	**Indicadores**
Físico/Químicos (FQ)	FQ 1. Reducir la contaminación de aguas superficiales y subterráneas FQ 2.Reducir las emisiones de contaminantes atmosféricos (GEI).
Biológico/Ecológicos (BE)	BE 1. Remediar la contaminación del suelo. BE 2. Reducir los efectos nocivos en la biodiversidad. BE 3. Proteger el paisaje y los recursos naturales.
Socio/Culturales (SC)	SC 1. Proteger el ecosistema local SC 2. Minimizar los impactos ambientales del transporte de RSU. SC 3. Proteger la salud humana.
Económico/Operacionales (EO)	EO 1. Aumentar la inversión en equipos e infraestructura EO 2. Eficientar la gestión de residuos y servicios de monitoreo EO 3. Fortalecer la capacidad institucional en la GIRS.

Fuente: Elaboración propia.

La integración de la matriz rápida de evaluación de impactos contrastó cada alternativa contenida en la Tabla 5.3, con cada indicador de cada categoría de la Tabla 5.4; considerando los criterios de evaluación descritos en la Tabla 5.9, y aplicando las fórmulas (1), (2), (3), (4) y (5) para obtener el valor de la puntuación ambiental, que a su vez se contrastó con los rangos de bandas de la Tabla 5.2, para determinar el potencial de impacto. Las Tablas 5.5, 5.6, 5.7, 5.8 y 5.9 presentan la integración matricial RIAM para la evaluación de cada alternativa de manejo de RSU que se plantea. En la Tabla 5.10 se presentan las alternativas de la puntuación ambiental global.

Tabla 5.5. Integración matricial: A01. Separación de residuos y ampliación de recolección.

Categorías	Indicadores	ES	RB	A1	A2	B1	B2	B3
Fís/Quím	Reducir la contaminación en aguas superficiales y subterráneas	-14	-B	2	-1	2	2	3
	Reducir las emisiones de contaminantes atmosféricos (GEI)	-21	-C	3	-1	2	2	3
Biol/Ecol	Remediar la contaminación del suelo	-21	-C	1	-3	2	2	3
	Reducir los efectos nocivos en la biodiversidad	-7	-A	1	-1	2	2	3
	Proteger el paisaje y los recursos naturales	-7	-A	1	-1	2	2	3
Soc/Cult	Proteger el ecosistema local	-18	-B	3	-1	1	2	3
	Minimizar los impactos ambientales del transporte de residuos	-6	-A	1	-1	2	2	2
	Proteger la salud pública	6	+A	1	1	2	2	2
Econ/Oper	Aumentar la inversión en capital humano, equipos e infraestructura	6	+A	1	1	2	2	2
	Eficientar la gestión de residuos y servicios de monitoreo	6	+A	1	1	2	2	2
	Fortalecer la capacidad institucional en la GIRSU	6	+A	1	1	2	2	2

Fuente: Elaboración propia.

Tabla 5.6. Integración matricial: A02. Construcción de estaciones de transferencia y SDF intermunicipales.

Categorías	Indicadores	ES	RB	A1	A2	B1	B2	B3
Fís/Quím	Reducir la contaminación en aguas superficiales y subterráneas	-28	-C	2	-2	2	2	3
	Reducir las emisiones de contaminantes atmosféricos (GEI)	-21	-C	3	-1	2	2	3
Biol/Ecol	Remediar la contaminación del suelo	-16	-B	1	-2	2	3	3
	Reducir los efectos nocivos en la biodiversidad	-7	-A	1	-1	2	3	2
	Proteger el paisaje y los recursos naturales	-6	-A	1	-1	2	2	2
Soc/Cult	Proteger el ecosistema local	-15	-B	3	-1	1	2	2
	Minimizar los impactos ambientales del transporte de residuos	-6	-A	1	-1	2	2	2
	Proteger la salud pública	6	+A	1	1	2	2	2
Econ/Oper	Aumentar la inversión en capital humano, equipos e infraestructura	6	+A	1	1	2	2	2
	Eficientar la gestión de residuos y servicios de monitoreo	6	+A	1	1	2	2	2
	Fortalecer la capacidad institucional en la GIRSU	6	+A	1	1	2	2	2

Fuente: Elaboración propia.

Tabla 5.7. Integración matricial: A03. Construcción de plantas de compostaje, reciclaje y producción de biogás.

Categorías	Indicadores	ES	RB	A1	A2	B1	B2	B3
Fís/Quím	Reducir la contaminación en aguas superficiales y subterráneas	-28	-C	2	-2	2	2	3
	Reducir las emisiones de contaminantes atmosféricos (GEI)	-32	-C	2	-2	2	3	3
Biol/Ecol	Remediar la contaminación del suelo	-8	-A	1	-1	2	3	3
	Reducir los efectos nocivos en la biodiversidad	-6	-A	1	-1	2	2	2
	Proteger el paisaje y los recursos naturales	-6	-A	1	-1	2	2	2
Soc/Cult	Proteger el ecosistema local	-5	-A	1	-1	1	2	2
	Minimizar los impactos ambientales del transporte de residuos	-12	-B	2	-1	2	2	2
	Proteger la salud pública	-24	-C	2	-2	2	2	2
Econ/Oper	Aumentar la inversión en capital humano, equipos e infraestructura	-6	-A	1	-1	2	2	2
	Eficientar la gestión de residuos y servicios de monitoreo	-6	-A	1	-1	2	2	2
	Fortalecer la capacidad institucional en la GIRSU	-6	-A	1	-1	2	2	2

Fuente: Elaboración propia.

Tabla 5.8. Integración matricial: A04. Plan de inversiones para el mejoramiento de equipos e infraestructura.

Categorías	**Indicadores**	**ES**	**RB**	**A1**	**A2**	**B1**	**B2**	**B3**
Fís/Quím	Reducir la contaminación en aguas superficiales y subterráneas	-7	-A	1	-1	2	2	3
	Reducir las emisiones de contaminantes atmosféricos (GEI)	-16	-B	2	-1	2	3	3
Biol/Ecol	Remediar la contaminación del suelo	-8	-A	1	-1	2	3	3
	Reducir los efectos nocivos en la biodiversidad	-6	-A	1	-1	2	2	2
	Proteger el paisaje y los recursos naturales	-6	-A	1	-1	2	2	2
Soc/Cult	Proteger el ecosistema local	-6	-A	1	-1	2	2	2
	Minimizar los impactos ambientales del transporte de residuos	-14	-B	1	-2	3	2	2
	Proteger la salud pública	-6	-A	1	-1	2	2	2
Econ/Oper	Aumentar la inversión en capital humano, equipos e infraestructura	-14	-B	1	-2	3	2	2
	Eficientar la gestión de residuos y servicios de monitoreo	-6	-A	1	-1	2	2	2
	Fortalecer la capacidad institucional en la GIRSU	-6	-A	1	-1	2	2	2

Fuente: Elaboración propia.

Tabla 5.9. Integración matricial A05. Educación de la población y trabajadores para el establecimiento del sistema de GIRSU.

Categorías	Indicadores	ES	RB	A1	A2	B1	B2	B3
Fís/Quím	Reducir la contaminación en aguas superficiales y subterráneas	-7	-A	1	-1	2	2	3
	Reducir las emisiones de contaminantes atmosféricos (GEI)	-14	-B	2	-1	2	2	3
Biol/Ecol	Remediar la contaminación del suelo	-7	-A	1	-1	2	2	3
	Reducir los efectos nocivos en la biodiversidad	-6	-A	1	-1	2	2	2
	Proteger el paisaje y los recursos naturales	-6	-A	1	-1	2	2	2
Soc/Cult	Proteger el ecosistema local	-12	-B	2	-1	2	2	2
	Minimizar los impactos ambientales del transporte de residuos	-12	-B	1	-2	2	2	2
	Proteger la salud pública	-14	-B	1	-2	3	2	2
Econ/Oper	Aumentar la inversión en capital humano, equipos e infraestructura	-14	-B	1	-2	3	2	2
	Eficientar la gestión de residuos y servicios de monitoreo	-6	-A	1	-1	2	2	2
	Fortalecer la capacidad institucional en la GIRSU	-6	-A	1	-1	2	2	2

Fuente: Elaboración propia.

Obtenidas las matrices de integración se contrastaron los rangos de bandas, se evaluaron las categorías y se procedió a elaborar las gráficas ambientales, ver figuras 5.1.

Tabla 5.10. Puntuación Ambiental total.

Alternativas	+E	+D	+C	+B	+A	N	-A	-B	-C	-D	-E
A01	0	0	0	0	4	0	3	2	2	0	0
A02	0	0	0	0	4	0	3	2	2	0	0
A03	0	0	0	0	0	0	7	1	3	0	0
A04	0	0	0	0	0	0	8	3	0	0	0
A05	0	0	0	0	0	0	6	5	0	0	0
Total	0	0	0	0	8	0	27	13	7	0	0

Fuente: Elaboración propia.

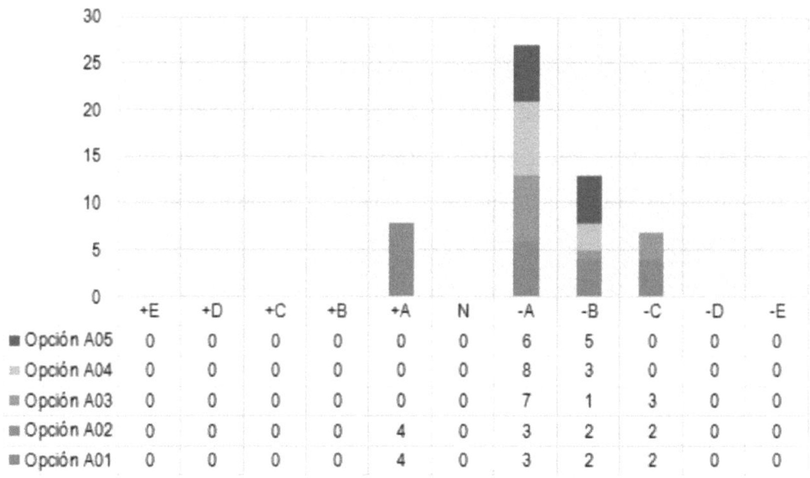

Figura 5.1. Puntuación ambiental total.

5.4 Conclusiones

La evaluación estratégica ambiental tiene ventajas en comparación con la evaluación de impacto ambiental aplicada a proyectos comunes. Los modelos metodológicos que se utilizan en la EEA, se caracterizan por la facilidad de implementación, similar a los modelos desarrollados para la evaluación de impacto ambiental como las listas de control; también intervienen metodologías avanzadas como modelos de predicción y criterios de análisis múltiples para facilitar la comparación de alternativas[21]

5.5. Referencias

1. Ng, K. L., & Obbard, J. P., Strategic environmental assessment in Hong Kong. Environment International, 31(4), 483–492 (2005).
2. Li, W., Xie, Y., & Hao, F. , Applying an improved rapid impact assessment matrix method to strategic environmental assessment of urban planning in China. Environmental Impact Assessment Review, 46, 13–24(2014)
3. Pastakia, C. M. R., & Jensen, A., The rapid impact assessment matrix (RIAM) for EIA. Environmental Impact Assessment Review, 18(5), 461–48(!998).
4. Barton, J. R., Dalley, D., & Patel, V. S.. Life cycle assessment for waste management. Waste Management, 16(1-3), 35–50(1996).
5. Berrón, G., Aspectos básicos de una política para una gestión adecuada de residuos sólidos urbanos (RSU). Ingeniería, 2(6), 51–57(2002).

6. Wanichpongpan, W., & Gheewala, S. H. (2007). Life cycle assessment as a decision support tool for landfill gas-to energy projects. Journal of Cleaner Production, 15(18), 1819–1826.
7. Kaplan, P. O., Ranjithan, S. R., & Barlaz, M. A. (2009). Use of life-cycle analysis to support solid waste management planning for delaware. Environmental Science & Technology, 43(5), 1264–1270.
8. Kaufman, S. M., Krishnan, N., & Themelis, N. J. (2010). A screening life cycle metric to benchmark the environmental sustainability of waste management systems. Environmental Science & Technology, 44(15), 5949–5955. http://doi.org/10.1021/es100505u
9. Morris, J., Bury or burn North America MSW? LCAs provide answers for climate impacts & carbon neutral power potential. Environmental Science and Technology, 44(20), 7944–7949 (2010).
10. Zhang, Y., Baral, A., & Bakshi, B. R., Accounting for ecosystem services in life cycle assessment. Part II: Toward an ecologically based LCA. Environmental Science and Technology, 44(7), 2624–2631(2010).
11. Clavreul, J., Guyonnet, D., & Christensen, T. H., Quantifying uncertainty in LCA-modelling of waste management systems. Waste Management, 32(12), 2482–2495 (2012).
12. Ingwersen, W. W., Curran, M. A., Gonzalez, M. a., & Hawkins, T. R., Using screening level environmental life cycle assessment to aid decision making: A case study of a college annual report. International Journal of Sustainability in Higher Education, 13(1), 6–18(2012).
13. Khoo, H. H., Tan, L. L. Z., & Tan, R. B. H., Projecting the environmental profile of Singapore's landfill activities: Comparisons of

present and future scenarios based on LCA. Waste Management, 32(5), 890–900 (2012).

14. Manfredi, S., & Goralczyk, M., Life cycle indicators for monitoring the environmental performance of European waste management. Resources, Conservation and Recycling, 81, 8–16 (2013).

15. Song, Q., Wang, Z., & Li, J., Environmental perfomance of municipal solid waste strategies based on LCA method: A case study of Macau. Journal of Cleaner Production, 57, 92–100(2013).

16. Dong, J., Chi, Y., Zou, D., Fu, C., Huang, Q., & Ni, M., Energy-environment-economy assessment of waste management systems from a life cycle perspective : Model development and case study. Applied Energy, 114, 400–408(2014).

17. SEMARNAT-GTZ. Guía para la realización de planes de regularización conforme a la NOM 083-SEMARNAT-2003. México: Secretaría de Medio Ambiente y Recursos Naturales-Agencia Alemana de Cooperación Técnica(2005). Retrieved from http://centro.paot.org.mx/documentos/semarnat/Guia_regularizacin_NOM_083.pdf

18. Vigueras, I. R. Diseño de un índice ambiental para la evaluación de sitios de disposición final de acuerdo con la NOM-083-SEMARNAT-2003. Instituto Politécnico Nacional (2006). Retrieved from : http://148.204.71.28:8080/dspace/bitstream/123456789/105/1/TESIS IVON CIIEMAD-IPN.pdf

19. SEMAREN. (2009). Programa estatal para la prevención y gestión integral de los residuos de Guerrero. Retrieved May 5, 2015,

from http://www.semarnat.gob.mx/sites/default/files/documentos/gestionresiduos/pepgir_guerrero.pdf

20. SEMARNAT. (2004b). Norma Oficial Mexicana NOM-083-SEMARNAT-2003. Especificaciones de protección ammbiental para la selección del sitio , diseño, construcción, operacíón, monitoreo, clausura y obras complementarias de un sitio de disposición final de residuos sólidos urbanos. Secretaría de Medio Ambiente Y Recursos Naturales. Diario Oficial de La Federación. Retrieved from http://dof.gob.mx/nota_detalle.php?codigo=658648&fecha=20/10/2004

21. Naddeo, V., Belgiorno, V., Zarra, T., & Scannapieco, D. (2013). Dynamic and embedded evaluation procedure for strategic environmental assessment. Land Use Policy, 31(152), 605–612. http://doi.org/10.1016/j.landusepol.2012.09.007

CAPÍTULO 6. DESARROLLO SOSTENIBLE Y LA RESPONSABILIDAD EMPRESARIAL EN LA CONTRIBUCIÓN AL COMERCIO SUSTENTABLE

Miguel Angel Hernámdez Apam, Joel Rodríguez Zuñiga, Diana Valeria Patiño Hernández, Licenciatura en Comercio Internacional y AduanasUniversidad Politécnica Metropolitana de Hidalgo, Tolcayuca, Hidalgo, México. Email:mapam@upmh.edu.mx, rodrizujoel@gmail.com

Diana Valeria Patiño Hernández, Estudiante de Licenciatura en Comercio Internacional y Aduanas, Universidad Politécnica Metropolitana de Hidalgo, Tolcayuca, Hidalgo, México.Email:143110429@upmh.edu.mx

6.1. Introducción

Las corporaciones de todo el mundo están buscando un nuevo rol en el desarrollo sostenible, el cual consiste en satisfacer las necesidades de la generación actual sin comprometer la capacidad de las próximas generaciones para satisfacer sus propias necesidades. A las organizaciones se les pide que asuman la responsabilidad de las formas en que sus operaciones afectan a la sociedad y al medio ambiente. También se les pide que apliquen principios de sostenibilidad a las formas en que conducen sus negocios. La sostenibilidad se refiere a las actividades de una organización, generalmente consideradas voluntarias, que demuestran la inclusión de preocupaciones sociales y ambientales en las operaciones comerciales y en las interacciones con las partes interesadas [1].

Ya no es aceptable que una compañía presente prosperidad económica aisladamente de aquellos agentes impactados por sus acciones. Una empresa ahora debe centrar su atención tanto en aumentar sus resultados como en ser un buen ciudadano corporativo. Mantenerse al tanto de las tendencias mundiales y mantenerse comprometida con las obligaciones financieras para ofrecer beneficios tanto públicos como privados han obligado a las organizaciones a remodelar sus marcos, reglas y modelos comerciales. Para comprender y mejorar los esfuerzos actuales, las organizaciones más socialmente responsables continúan revisando sus agendas a corto y largo plazo, para adelantarse a los desafíos que cambian rápidamente.

Además, se ha producido un cambio radical y complejo en la forma en que las organizaciones deben comprenderse a sí mismas en relación con una amplia variedad de partes interesadas tanto locales como globales. La calidad de las relaciones que una empresa tiene con sus empleados y otras partes interesadas clave como: clientes, inversionistas, proveedores, funcionarios públicos y gubernamentales, activistas y comunidades, es crucial para su éxito, así como también su capacidad para responder a las condiciones competitivas y a la responsabilidad social empresarial (RSE). Estas importantes transformaciones requieren que las empresas nacionales y globales se acerquen a sus negocios en términos de desarrollo sostenible, y tanto el liderazgo individual como el organizativo juegan un papel importante en este cambio.

6.2. Teoría

Las organizaciones han desarrollado una variedad de estrategias para abordar la intersección de las necesidades sociales, el entorno natural y las necesidades imperativas comerciales correspondientes. Las organizaciones también pueden considerarse en un continuo de desarrollo con respecto a qué tan profundamente y qué tan bien están integrando enfoques de responsabilidad social en la estrategia y las operaciones diarias en todo el mundo.

En un extremo del continuo están las organizaciones que no reconocen ninguna responsabilidad con la sociedad y el medioambiente. Y en el otro extremo del continuo están aquellas organizaciones que consideran que sus operaciones tienen un impacto significativo, así como la dependencia de la sociedad a nivel económico, social y ecológico, lo que resulta en un sentido de responsabilidad más allá de los límites tradicionales de la organización. La mayoría de las organizaciones pueden ubicarse en algún punto intermedio.

La responsabilidad corporativa o la sostenibilidad es, por lo tanto, una característica destacada de la literatura empresarial y de la sociedad, abordando temas de ética empresarial, desempeño social corporativo, ciudadanía corporativa global y gestión de las partes interesadas. La educación gerencial puede ser una fuente importante de nuevas ideas sobre el cambio hacia una economía del conocimiento integrada en lugar de fracturada, pero esto también significa que el rol y el significado del liderazgo socialmente responsable deben ser actualizados. Se necesita mucha más investigación para crear una comprensión más clara de lo que se requiere, tanto en el liderazgo como en el campo del desarrollo del liderazgo.

Se destacan algunos desarrollos actuales sobre este tema y se llama la atención sobre las similitudes y diferencias en los tres ángulos de la línea de triple resultados: los ámbitos ambiental, social y empresarial. El campo aborda cuestiones complejas y críticas, como los derechos humanos, la protección del medio ambiente, la igualdad de oportunidades para todos, la competencia leal y las interdependencias que se producen entre las organizaciones y la sociedad [2]. Las investigaciones en curso revelan que se están utilizando una variedad de estrategias, alianzas, asociaciones y enfoques en todo el mundo. La literatura también revela que, aunque la aspiración de muchas empresas de contribuir a un mundo mejor es grande, traducir esa aspiración en realidad es un desafío.

Tomando en cuenta la teoría de Hart: Una visión de la empresa basada en recursos naturales (VBRN), esta argumenta que existen tres capacidades estratégicas clave: prevención de la contaminación, administración de productos y desarrollo sostenible. Cada uno de estas tiene diferentes fuerzas motrices ambientales, que se basan en diferentes recursos clave y tienen una fuente diferente de ventaja competitiva. La prevención de la contaminación, busca prevenir el desperdicio y las emisiones en lugar de limpiarlos "al final de la tubería", se asocia con menores costos. Por ejemplo, eliminar los contaminantes del proceso de producción puede aumentar la eficiencia al (a) reducir los insumos requeridos, (b) simplificar el proceso y (c) reducir los costos de cumplimiento y responsabilidad.

La administración de productos amplía el alcance de la prevención de la contaminación para incluir toda la cadena de valor o "ciclo de vida" de los sistemas de productos de la empresa. A través de la participación de las partes interesadas, la "voz del medio ambiente" se puede integrar efectivamente en el proceso de diseño y desarrollo del producto. La administración del producto crea el potencial de una ventaja competitiva a través de la apropiación estratégica, por ejemplo asegurando el acceso exclusivo a los recursos (por ejemplo, materias primas verdes) o estableciendo estándares que son ventajosos para la empresa focal.

Finalmente, una estrategia de desarrollo sostenible tiene dos diferencias notables con respecto a la prevención de la contaminación o las estrategias de administración de productos. En primer lugar, una estrategia de desarrollo sostenible no solo busca causar menos daño ambiental, sino más bien producir de manera que pueda mantenerse indefinidamente en el futuro. En segundo lugar, el desarrollo sostenible, por definición, no se limita a las preocupaciones ambientales, sino que también se centra en las preocupaciones económicas y sociales. Dado que la actividad económica en los países desarrollados está íntimamente relacionada con la pobreza y la degradación en los países menos desarrollados, una estrategia que considera el desarrollo sostenible debe reconocer este vínculo y actuar para reducir la carga ambiental y aumentar los beneficios económicos para los mercados menos desarrollados afectados por las actividades de la empresa [3].

A continuación se presenta el modelo desarrollo sostenible y la responsabilidad empresarial en la contribución al comercio sustentable propuesto para este estudio basado en la teoría Hart: Una visión de la empresa basada en recursos naturales Fig. 6.1.

Fig. 6.1 Modelo desarrollo sostenible y la responsabilidad empresarial en la contribución al comercio sustentable.

A pesar del interés corporativo y de una creciente literatura orientada a los profesionales, existe una escasez de investigaciones académicas sobre esta teoría. De hecho, existe una oportunidad real para que los investigadores aborden este tema de manera rigurosa para evaluar hasta qué punto las teorías actuales son suficientes para comprender el fenómeno de la teoría de Hart y en qué medida este problema nos exige aumentar las teorías existentes o incluso desarrollar nuevas completamente.

Respecto a la información y la relación con el aspecto ambiental en las organizaciones, en el contexto de las empresas químicas, Roy y Thèrin [5] reportan que éstas requieren información suficiente que les permita desarrollar una red de conocimiento que oriente un fuerte compromiso ambiental.

6.2.1 Desarrollo Municipal, Ordenado y Sustentable

El Municipio de Tizayuca en los últimos años ha experimentado una de las expansiones urbanas y poblacionales más significativas de la zona centro del país. La tasa promedio de crecimiento de la población entre los años 2000 y 2010 se situó en 7.5% anual, la cuarta en importancia en la Zona Metropolitana del Valle de México, junto con el Municipio vecino de Tecámac en el Estado de México. La posición geográfica del Municipio le confiere características importantes, ya que es una zona estratégica para la comunicación con la zona noreste del país, y su historia está ligada a las necesidades y dinámica de expansión de la zona metropolitana del Valle de México. Uno de los problemas al que se enfrenta es la planificación territorial, los planes de ordenamiento territorial, ecológico y desarrollo urbano, instrumentados por las autoridades estatales y municipales.

Tizayuca está conurbado con Tolcayuca, Hidalgo y los Municipios de Hueypoxtla, Zumpango, Tecámac y Temascalapa, del Estado de México, lo que requiere la unificación de criterios y fuertes acciones de coordinación con estas zonas, que instrumenten la atención y resolución de las necesidades urbanas y ambientales compartidas [5-6].

Mantener el equilibrio en la protección del medio ambiente, la administración eficiente y racional de los recursos naturales y el desarrollo de las comunidades, es principio y prioridad del actual gobierno. Por este motivo, el diseño y puesta en práctica de medidas para asegurar que los proyectos, en particular los productivos y los de infraestructura, sean compatibles con la protección del medio ambiente, además de recuperar y habilitar espacios ecológicos a fin de destinarlos para la práctica de actividades al aire libre y la convivencia de los habitantes. En los últimos tres años se han plantado más de 18 mil árboles y sembrado alrededor de 20 mil m^2 de pasto; se llevó a cabo el saneamiento de la Presa el Manantial; se tienen avances en el diseño del Jardín Botánico que se instalará en el Eco-Parque Tizayuca, donde se contará con un inventario de más de 1,500 plantas cactáceas y un invernadero de 65 m^2. Además, los gases que emanan del relleno sanitario del Eco-Parque serán procesados para generar Oxígeno [5-6].

Las mejores prácticas son acciones que contribuyen de manera continua en la calidad de vida y la sustentabilidad del municipio. La prioridad de la presente administración municipal en los próximos cuatro años y siete meses será la de propiciar un desarrollo equilibrado y sustentable para los habitantes de Tizayuca, a partir de las estrategias pertinentes que integren a los diferentes sectores de la población, mediante acciones interinstitucionales coordinadas y tendientes al crecimiento integral del municipio y sus habitantes.

Las estrategias de acción propuestas por la presente administración son:

1. Fortalecer la competitividad de las unidades de producción, a través, de programas de acompañamiento técnico y capacitación a los productores, en los aspectos de productividad, organización, comercialización y transformación de sus productos para darle valor agregado.
2. Fomentar la tecnificación y diversificación de la producción primaria para elevar la productividad, considerando criterios de sustentabilidad.

3. Fomento a la integración de cadenas productivas, agrupamientos industriales y empresas de la nueva economía basadas en la sustentabilidad y responsabilidad social, para apoyar la competitividad de la planta productiva.

Los municipios y ciudades metropolitanos se han constituido en la actualidad en unidades complejas de trabajo funcionamiento y gestión urbana. Esto ha significado contar con mecanismos más eficientes para dotar de mejores capacidades a las instancias encargadas de atender las demandas y requerimientos ciudadanos, en el marco de procesos de desarrollo y fortalecimiento de la calidad de vida, haciendo imperativo presentar una mejor funcionalidad sobre prioridades y objetivos para el presente y de su sustentabilidad para el futuro.

De acuerdo al Plan Municipal de Desarrollo 2012 -2016 de Tizayuca-Hidalgo se establecen programas con amplia participación ciudadana en la que se transmitan conocimientos y se generen de acciones que propicien la adopción de hábitos ecológicos en la comunidad, como la disposición de desechos sólidos, el uso de Plan Municipal de Desarrollo 2012-2016 77 productos de consumo que cuiden el ambiente, la elección de especies para la forestación urbana y la identificación de indicadores de sustentabilidad.

6.3. Desarrollo de la investigación

La presente investigación se enmarca por un lado en la modalidad del tipo documental porque desarrolla un proceso basado en la búsqueda, identificación, selección, análisis crítico e interpretación de información primaria obtenida y registrada por otros investigadores en artículos de investigación: impresos y electrónicos; y exploratorio - descriptivo porque la investigación utiliza criterios sistemáticos que permitieron poner de manifiesto la estructura de los fenómenos en estudio, además ayudó a establecer comportamientos concretos mediante el manejo de técnicas específicas de recolección de información en relación al desarrollo sostenible y las empresas socialmente responsables. Por el otro lado el estudio exploratorio - descriptivo identificó características del universo de investigación, señaló formas de conducta y actitudes del universo investigado, descubrió y comprobó la asociación entre variables de investigación. Finalmente trató de obtener información acerca del fenómeno relacionado con el desarrollo sostenible y las empresas socialmente responsables, para describir sus implicaciones. La investigación hace una reflexión y rescata el conocimiento acumulado sobre el rol que juegan las empresas con conciencia social, ante los retos que aplica el paradigma del Desarrollo Sostenible y las interrelaciones entre las diferentes dimensiones que lo conforman en la búsqueda del equilibrio social, ambiental y económico.

6.3.1 Objetivos

El objetivo de esta investigación es analizar los modelos de gestión empresarial en relación al Desarrollo Sustentable y Responsabilidad Social Empresarial.

Objetivo secundario

Analizar los sistemas de certificación que utilizan las empresas con el propósito de ofrecer información fehaciente y clara a los consumidores.

6.3.2 Materiales y Métodos

Existen diferentes métodos para llevar a cabo un estudio a través de entrevistas [7] y este va a depender del autor o autores que se adopten al diseño de la investigación. Buendía, Colás y Hernández [8] establecen tres fases de desarrollo: teórico conceptual, metodológica y estadístico-conceptual; en la primera fase los autores incluyen el planteamiento del o de los objetivos e hipótesis de investigación, en la segunda la selección de la muestra y la definición de las variables que van a ser objeto de estudio y en la tercera se incluye la elaboración piloto y definitiva del cuestionario y la codificación del mismo que permitirá establecer las conclusiones correspondientes al estudio de investigación. La metodología a seguir estuvo en función de los objetivos que pretendieron los investigadores. Se llevó a cabo una entrevista con preguntas abiertas y cerradas acorde a los objetivos de este proyecto de investigación.

6.3.3 Estudio exploratorio

A través de una encuesta con preguntas abierta dirigida a directivos de las empresas químicas en Tizayuca - Hidalgo: Noble Chem con certificación ISO 9000-2008, Orion Productos Industriales con Certificación Sistema de Administración de Responsabilidad Integral (SARI) y Tizaquim, S.A, de C.V. la cual tiene una certificación de calidad ISO 9001, se llevó a cabo un estudio comparativo de empresas[9].

La empresa tizayuquense Noble Chem cuenta con la certificación ISO 9000-2008. Esta norma internacional promueve la adopción de un enfoque basado en procesos cuando se desarrolla, implementa y mejora la eficacia de un sistema de gestión de la calidad, para aumentar la satisfacción del cliente mediante el cumplimiento de sus requisitos. El enfoque de este tipo, cuando se aplica a un sistema de gestión de calidad, enfatiza la importancia de:

1. La comprensión y el cumplimiento de los requisitos.
2. La necesidad de considerar los procesos en términos que aporten valor.
3. La obtención de resultados del desempeño y eficacia del proceso.
4. La mejora continua de los procesos en base en mediciones objetivas.

En el caso de Orion Productos Industriales la Responsabilidad Integral, es una forma de administrar los negocios de la Industria Química a nivel mundial, orientado a tomar las medidas necesarias para mejorar los aspectos ambientales, de salud y seguridad, con los que sus operaciones se interactúan de una manera responsable. Responsabilidad Integral, pretende que las compañías que lo adoptan transformen su cultura en un proceso de mejora continua permitiéndoles elevar sus niveles de desempeño en su competitividad en los mercados nacional e internacional.

Este programa surge en Canadá en el año de 1985. Fue adoptado por México, a través de la Asociación Nacional de la Industria Química (ANIQ), en el año de 1991 convirtiéndolo en el primer país en América Latina y décimo a nivel mundial que lo incorpora a sus operaciones. Actualmente este programa es aplicado por más de 50 países. La ANIQ lo ha evolucionado en un Sistema de Gestión denominado "Sistema de Administración de Responsabilidad Integral (SARI), cuya meta global es demostrar con hechos el compromiso de la Industria Química (Fabricantes, Distribuidores y Transportistas) en todas las compañías afiliadas a la Asociación.

Este programa tiene seis principios guía que comprometen a las empresas a trabajar en conjunto para:

1. Mejorar de forma continua el conocimiento y desempeño en los aspectos relacionados con el medio ambiente, la salud y la seguridad de nuestras tecnologías, procesos y productos a lo largo de sus ciclos de vida para evitar daños a la población y al medio ambiente.
2. Uso eficiente de los recursos y minimizar los residuos.
3. Informar abiertamente sobre el desempeño, los logros y las perfecciones.
4. Escuchar, involucrar y trabajar con la sociedad para comprender y considerar sus preocupaciones y expectativas.
5. Cooperar con los gobiernos y organizaciones en el desarrollo e implantación de reglamentos y normas efectivos, cumpliéndolos o yendo más allá de sus exigencias.
6. Proporcionar ayuda y consejo a todos los involucrados en la cadena de valor de los productos químicos, para fomentar su gestión responsable.

Orion Productos Industriales cuenta con ésta certificación desde el 29 de agosto de 2011 a la fecha.

Finalmente hablando de las empresas que formaron parte de este estudio, la empresa tizayuquense Tizaquim, S.A, de C.V., recibió el certificado de calidad ISO 9001, por parte del gobierno estatal, por cumplir con las normas y requisitos de calidad en su producción.

1. La ISO 9001:2008 es la base del sistema de gestión de la calidad ya que es una norma internacional que se centra en todos los elementos de administración de calidad con los que una empresa debe contar para

tener un sistema efectivo que le permita administrar y mejorar la calidad de sus productos o servicios.

2. Además, la Procuraduría Federal de Protección al Ambiente (PROFEPA), hace una revisión sistemática y exhaustiva a la empresa en sus procedimientos y prácticas, con la finalidad de comprobar el grado de cumplimiento de los aspectos normados en materia ambiental.
3. Tizaquim, S.A. de C.V. mantiene una filosofía que se apoya en una serie de técnicas cuya finalidad es la mejora de la productividad y los procesos, soportada por un conjunto de herramientas enfocadas en mejorar los productos y la calidad en el servicio [9].

6.4. Resultados y discusión

Las empresas mexicanas cada vez ponen más atención a la Responsabilidad Empresarial y adoptan normas y distintivos y miden el impacto de sus acciones de forma más sistemática, entre ellas se destaca la legitimidad de sus acciones empresariales ante la población. La responsabilidad social y ambiental son dos indicadores que la población en general valora de una organización. El gobierno como mediador del binomio empresa-comprador y la sociedad civil como catalizadora deberán establecer las bases para que ambas partes satisfagan sus propias necesidades. Una forma en que, una organización pretende legitimarse ante el buen gobierno y la sociedad es a través de la "constancia de certificación". Sin embrago este representa a veces un simple trámite administrativo en donde la organización quiere obtener una ventaja comparativa sin invertir en la mejora de sus proceso y su compromiso de responsabilidad social. A efecto de hacer un análisis más objetivo en función de la disponibilidad de tiempo y de recurso humano para realizar el trabajo de campo de la presente investigación, el análisis se dividió en tres componentes, mismos que explora el buen funcionamiento de una organización Porter [10]: (1) Objetivos compartidos, (2) Estructura de una organización en función de una certificación, y (3) Oportunidades en el mercado. (1) Objetivos compartidos: Como un simple ejercicio exploratorio en la comparación de dos organizaciones con carácter empresarial y con certificación, se destaca que los entrevistados (administración y ventas) nos mostraban conocimiento de los objetivos compartidos de la organización, siendo estos los pilares de una empresa; no conocían las ventajas de tener una certificación de calidad. Por ejemplo el incrementar las prestaciones de sus servicios y productos; el cliente como ente importante de su organización no aparece en las respuestas de las encuestas, siendo que, el dar una mayor satisfacción al cliente traerá al parejo una mejor opinión de la organización. (2) Estructura de una organización en función de una certificación. No se menciona la misión de una organización de producción a escala (las dos empresas son altamente competitivas en el mercado de los químicos): Aumento de productividad y eficiencia y reducción de gastos. Los entrevistados respondieron favorablemente a los indicadores de mayor comunicación entre los empleados y satisfacción laboral, siendo estos dos elementos fundamentales para la sanidad de la organización. (3) Oportunidades en el mercado: Se desconoce las ventajas competitivas de la organización. Seguramente las organizaciones en estudio han funcionado bien sin necesidad de una certificación, por lo que no pueda haber un punto comparativo. Cabe mencionar que, una empresa no certificada no es razón para que esta no sea competitiva o que pueda mejorar la satisfacción de sus clientes, de la productividad, reducción de costos etc. El costo de la implementación, así como de la certificación, es muy alto ya que las organizaciones competentes en el tema son muy pocas y el gobierno fomenta su formación dado su capacidad de atención. A medida que otras organizaciones se van formando empiezan a ofrecer servicios de asesoría y auditoría por lo que empiezan a bajar los costos y se hace más asequible para las empresas contratar esos servicios, por lo que esto también representa un nicho de oportunidades para otras organizaciones. Por último, se debe destacar que a medida que las demás organizaciones van adoptando las normativas esa ventaja con la que gozaban las empresas desaparece. Al final, la implementación de un sistema de gestión (ya sea calidad, ambiente, entre otros) se convierte en un requisito mínimo para poder competir. Otra desventaja es que se pueden tener riesgos de operaciones ante reglas rígidas que afectarían la comunicación interdepartamental o resultados económicos más exitosos que una empresa que no haya certificado sus sistemas. Sin embargo, debemos tener claro que lo que no se muestra (una estrategia de mercadotecnia de empresa "limpia" por ejemplo), no venderá, entonces, la certificación es la carta de presentación ante los demás y el "mercado global" que probablemente se la exijan para hacer negocios con la sociedad.

6.5. Conclusiones

Bajo el contexto actual es importante el uso de nuevas fórmulas y enfoques así como la planificación de estrategias en términos de la responsabilidad social empresarial, para no agotar los límites de los recursos naturales. La necesidad de un conocimiento de la problemática comunitaria, constituye nuevas exigencias en la elaboración y ejecución de propuestas para el desarrollo sustentable.

La industria química juega un papel importante en el desarrollo sostenible de un país, por lo tanto, debe ser responsable y ética en todos los ámbitos y para ello se requiere un cambio. Los procesos químicos tienen que cambiar para mejorar y ser más eficientes; ser más seguros, consumir menos energía para reducir costos y generar menos residuos o dar un valor agregado a los mismos.

Las empresas al ser más congruentes con la estrategia corporativa, la cual se busca la satisfacción de los cuatro constituyentes: clientes comerciales, trabajadores, accionistas y comunidad y podrían incluir más programas enfocados en asuntos tales como estándares de desempeño, monitoreo e investigación tecnológica.

Adoptar una norma de certificación es importante que lo aborde la organización ya que ayudará a mejorar las relaciones empresariales y comerciales, tanto con proveedores y clientes como con otras empresas.

Una vez que se han abordado los problemas de experiencia y recursos, las estructuras de gestión generalmente que se encuentran en las empresas pueden ser una ventaja positiva. Habrá menos personas para educar dentro de la empresa, y generalmente habrá menos resistencia al cambio. Un estilo de administración "práctico" o común en las empresas también puede ayudar a la función de monitoreo: la administración estará bien posicionada para detectar problemas y hacer los ajustes necesarios. El camino para implementar una filosofía de desarrollo sostenible será diferente para las empresas, pero con ingenio, perseverancia y cooperación, pueden lograr el resultado deseado.

6.6. Bibliografía

1. M. van Marrewijk y M. Werre, Multiple levels of corporate sustainability, Journal of Business Ethics 44 (2-3):107-119 (2003)
2. P. Bhagwat, Proceedings of the conference on Inclusive and Sustainable Growth, Institute of Management Technology, 1-14 (2011).
3. S. Hart y G. Dowell, A Natural-Resource-Based View of the Firm: Fifteen Years After, Journal of Management, 37(5), 1464-1479 (2011)
4. M. Roy, y F. Thérin, Knowledge acquisition and environmental commitment in SMEs. Corporate Social Responsibility and Environmental Management, 15(5) 249-259. (2008)
5. Presidencia Municipal de Tizayuca, Actualización del Plan Municipal de Tizayuca, recuperado de http://sepladerym.hidalgo.gob.mx/institucional/Programas/PlanesMunicipalesDesarrollo/XII%20Tizayuca/TIZAYUCA%20APMD.pdf (2017)
6. Plan Municipal de Desarrollo de Tizayuca 2012-2016, recuperado de http://sepladerym.hidalgo.gob.mx/institucional/Programas/PlanesMunicipalesDesarrollo/XII%20Tizayuca/TIZAYUCA%20%20PMD.pdf (2017)
7. Bizquerra, R. (2003) Metodología de la investigación educativa. La Muralla

8. L. Buendía; P. Colás y F. Hernández, Métodos de investigación en psicopedagogía. Madrid: McGraw-Hill (1998).
9. Tizaquim (2017) recuperado de http://www.tizaquim.com/index-1.html
10. M. E. Porter, "The Five Competitive Forces That Shape Strategy." Special Issue on HBS Centennial, Harvard Business Review, 86(1) (2008)

CAPÍTULO 7. METODOLOGÍA PARA GENERAR UN PLAN ESTRATÉGICO PARA EL MANEJO DE MATERIALES PELIGROSOS.

Jaime Garnica González, Heriberto Niccolas Morales, Arturo Torres Mendoza, Centro de Investigación Avanzada en Ingeniería Industrial, Universidad Autónoma del Estado de Hidalgo.*Email:jgarnica jgarnicag@gmail.com*

German Reséndiz López, Noel Ivan Toto Arellano, , Cuerpo Académico de Ingeniería, Ciencias e Innovación Tecnológica, Universidad Tecnológica de Tulancingo, Hgo.,México. Email:noel.toto@utectulaningo.edu.mx

Juan Manuel Izar Landeta, Universidad del Centro de México.

7.1 Introducción

Teniendo en consideración que existe un aumento de enfermedades en el trabajo originadas por el manejo inadecuado de materiales peligrosos, el alto riesgo que representan los mismos para el hombre y el medio ambiente. Así como su repercusión en pérdidas materiales y humanas, producen el presente tema de investigación con la finalidad de buscar técnicas o metodologías que den como resultado mitigar los riesgos antes mencionados. Hoy en día es importante poner real atención al manejo de materiales peligrosos en todas sus modalidades, debido a que su mal manejo, representa una vulnerabilidad alta para perturbar un sistema. Lo que contrae a tener un sistema afectable que puede considerarse de pérdidas materiales y humanas hasta la afectación del medio ambiente y por ende un deterioro a los ecosistemas. Por otra parte, se tiene que el manejo de sustancias industriales peligrosas representa un problema en varios países, no solo requieren de dinero para subsanar los desastres ocasionados por estos materiales, también necesita normas que regulen su manejo.

Parte del problema que se tiene con el manejo de materiales peligrosos, es la ineficiente administración y control de dichas sustancias, originando la necesidad de contar con planes estratégicos que den pie al desarrollo de programas y proyectos encaminados a eficientisar las prácticas del manejo, almacenamiento y desecho que se tiene. Éste problema no es exclusivo de la industria, también de los laboratorios de las instituciones de educación superior. Por lo antes expuesto, la Universidad Autónoma del Estado de Hidalgo, no está exenta de éste problema, de tal forma que se tiene la necesidad de generar el sistema regulador para mitigar la vulnerabilidad de la Unidad Central de Laboratorios. Por lo que, el presente trabajo de investigación mostrará la metodología construida para tal fin.

7.2 Los materiales peligrosos y su clasificación

Se ha definido como materiales peligrosos a todas aquellas sustancias que son capaces de poner en riesgo a la salud humana y puede causar daños o deterioros al medio ambiente. En los materiales peligrosos están incluidos las materias primas y los residuos peligrosos. También se le define como "todo material nocivo o perjudicial que, durante su fabricación, almacenamiento, transporte o uso, pueda generar o desprender humos, gases, vapores, polvos o fibras de naturaleza peligrosa ya sea explosiva, inflamable, tóxica, infecciosa, radiactiva, corrosivo o irritante en cantidades que tengan probabilidad de causar lesiones y daños a personas, instalaciones o medio ambiente.

El Comité de Expertos de Seguridad de la ONU, en sus " Recomendaciones relativas al Transporte de Mercancías Peligrosas", establece un esquema de clasificación en 9 clases para todos los materiales peligrosos. Cabe hacer mención que el orden de enumeración no guarda relación con la magnitud del peligro, éstas clases son[1]: 1.- Explosivos, 2.- Gases comprimidos o disueltos a presión, 3.- Líquidos, 4.- Sólidos, 5.- Oxidantes / peróxidos, 6.- Venenos, 7.- Radioactivos, 8.- Corrosivos y 9.- Misceláneos o mezclas.

7.3 Metodología para generar un Plan Estratégico en el Manejo de Materiales Peligrosos.

En el presente apartado, se mostrará el modelo visual que da origen a la metodología planteada para realizar un plan estratégico en el manejo de residuos peligrosos[2-5].

7.3.1. Modelo Visual de la Metodología

Para diseñar y desarrollar la metodología a emplear en el desarrollo de estrategias, se toma como base el concepto de sistema representado por el esquema básico de caja negra y que la salida del sistema representa la alimentación de entrada del sistema subsiguiente (figura 7.1) partiendo de esta premisa, se ilustrará el modelo que guiará la elaboración de dicha metodología, permitiendo tener una visión general de cómo ha sido estructurada. Se hace la propuesta de un mapa conceptual de la metodología a seguir en cada fase que la integra. (Figura 7.2).En el modelo se representan cada uno de los pasos integrados en el modo de sistemas relacionales, para una mejor comprensión de las actividades a ejecutar.

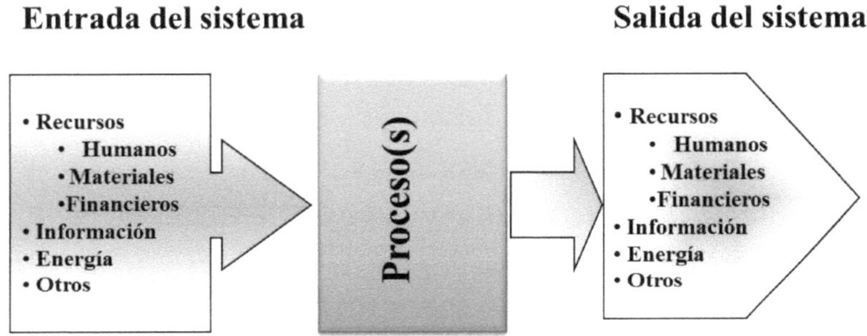

Figura 7.1. Modelo representativo de un sistema tipo caja negra.

7.3.2 Descripción Del Modelo

El modelo está compuesto por tres sistemas a analizar, el primero de ellos se le denominado ***"sistema posible a ser perturbado"***; que consiste en la identificación y ubicación de los riesgos que se tienen por el manejo o ubicación de sustancias que representen un peligro en un área de trabajo. El segundo designado ***"sistema afectable"***, que se entiende por la afectación en caso de un siniestro por el manejo o almacenamiento inadecuado de un material peligroso. Y un tercero identificado como ***"sistemas regulador"***, interpretándose como el conjunto de acciones que tienen la finalidad de mitigar los efectos de un riesgo causados por el manejo o almacenamiento indebido de un material peligroso. Su forma gráfica se presenta en la Figura 7.2.

(1) Entrada de recursos al sistema

Es una parte importante, debido a que de la cantidad y calidad de recursos, dependerá la precisión del resultado final del proceso de planeación participativa para generar el plan estratégico en el manejo de materiales peligrosos. En éste inicio se deberá tener un cuidadoso inventario de los recursos a interactuar.

Parte de los recursos a considerar son:

1. **Información:** mapas, cartografías, planos, bases de datos, planes de desarrollo, normas, por nombrar las más representativas.
2. **Recursos humanos:** personal representativo de las áreas involucradas en el desarrollo del plan. Se debe considerar a todos los actores de la organización, sin excepción de los mandos altos o bajos. Preferentemente debe de invitarse la participación de actores externos pero conocedores de la materia del manejo de materiales peligrosos.
3. **Recursos materiales:** son todos aquellos a utilizar durante las sesiones participativas del proceso de elaboración del plan. Se recomienda contar con una lista de cotejo.

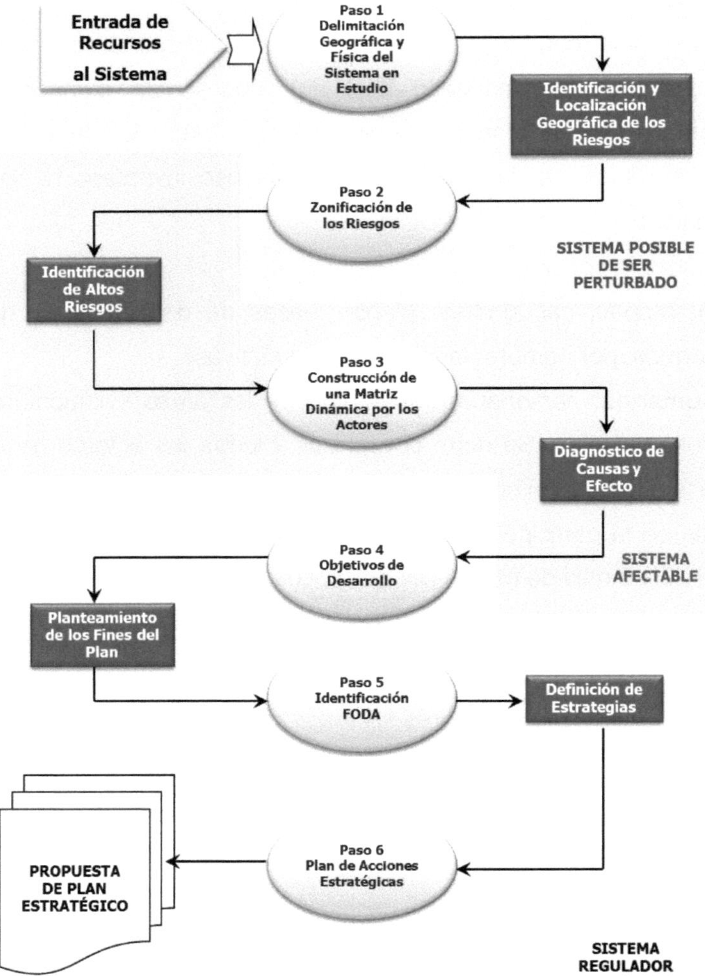

Figura 7.2. Modelo visual de la metodología para generar un plan estratégico de riesgos por el manejo de materiales peligrosos. Fuente: Elaboración propia.

(2) Sistema *posible de ser perturbado*

Finalidad: Identificar y localizar geográficamente los riesgos que se pueden ocasionar por el manejo o almacenamiento de un material peligroso a través de un listado previo de las causas y los efectos que pueden producir.Para tal fin se integran los siguientes pasos:

Paso 1 Delimitación geográfica y física del sistema en estudio. A partir de convocar a la sesión de trabajo, se planteará el objetivo de delimitar geográficamente al sistema en estudio. En primera instancia se realizará la localización en un plano del predio, donde se indique las colindancias del mismo.

Se recomienda que los participantes den un listado de características que rodean la ubicación del inmueble en estudio. Para lo cual se puede hacer uso de la técnica conocida como lluvia de ideas[6] o si el moderador de la sesión o facilitador tiene el conocimiento o habilidad de otra técnica como por ejemplo KJ, úsela.

Paso 2 Zonificación de los riesgos. En éste paso se realizará la ubicación exacta del almacenamiento o manejo de materiales peligrosos. Para lo cual se debe contar con los planos arquitectónicos del inmueble. En dichos planos se ubicará los almacenes y trayectorias que siguen los materiales peligrosos al ser utilizados.

Para poder identificar si los materiales ahí utilizados o almacenados, representan riesgo, los ocupantes o usuarios del área considerada como de alto riesgo, auxiliados de las normas o listas de clasificación de materiales, descartarán o confirman la identificación de alto riesgo.

El resultado de los pasos 1 y 2, es generar la lista de materiales peligrosos asociados a las áreas en que se encuentran o transita. Así como de la representación gráfica. Información que servirá para el paso siguiente.
Antes de pasar al otro sistema, se recomienda en lo posible, realizar o contar con fotografías o videos de las áreas consideradas como riesgo. Esto con la finalidad de documentar la identificación de los riesgos.

(3) Sistema afectable

Finalidad. Determinar la vulnerabilidad de las instalaciones y personal que se ubica en las zonas de riesgo y aledañas a las mismas. Esto es a través de construir por los actores del sistema, una matriz llamada dinámica. Para lograr el objetivo se incorporará toda la información parcial generada en los pasos anteriores y continuar con el paso 3.

Paso 3 Construcción de la matriz dinámica por los actores. Se inicia con la incorporación de la información generada y utilizar la que se dictamine como necesaria en el auxilio de validar las zonas de riesgo, teniendo en cuenta los siguientes rasgos significativos del medio que rodea a las áreas que son propensas a ser vulnerables.

1. Condiciones actuales del inmueble del área, tal como, estructura, ventilación, iluminación, señalización, Etc.
2. Uso común del área, actividades frecuentes que se realizan.
3. Concentración de población.
4. Servicios con los que cuenta: energía eléctrica, agua, drenaje, vapor, Etc.
5. Programas de capacitación relacionados con el manejo de materiales peligrosos o protección civil, indicando su frecuencia.

6. Documentación de daños históricos y su seguimiento.
7. Normatividad en el inmueble.
8. Comisión de seguridad, Grupos o brigadas con funciones relacionadas con mitigar los riesgos.

Para facilitar el análisis de todos estos aspectos, se recomienda la estructura de la matriz mostrada en la figura 7.3.

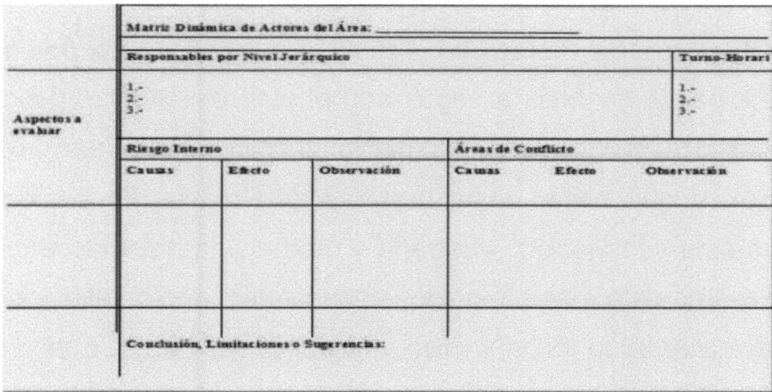

	Matriz Dinámica de Actores del Área: ____________					
	Responsables por Nivel Jerárquico					Turno-Horari
Aspectos a evaluar	1.- 2.- 3.-					1.- 2.- 3.-
	Riesgo Interno			Áreas de Conflicto		
	Causas	Efecto	Observación	Causas	Efecto	Observación
	Conclusión, Limitaciones o Sugerencias:					

Figura 7.3. Matriz dinámica de actores del área. Fuente: Elaboración propia

Para el procedimiento del llenado de la matriz, se recomienda que sea en dos etapas:

1. La primera etapa se debe llenar de forma grupal, participando los usuarios y encargados del área clasificada como vulnerable.
2. En la segunda etapa, se acuerda en una plenaria la integración de las matrices llenadas por área, previa explicación convincente de la obtención de la misma.

El término del paso tres con el diagnóstico causa y efecto, da paso a continuar con el análisis del sistema regulador.

(4) Sistema regulador.

Finalidad: Generar el plan de acción estratégica, a partir de la definición de los fines del mismo, con base a la adaptación de la técnica FODA.

Para proceder con el paso 4, se debe contar con los planes y programas que se tienen en la organización. Éste es el marco de referencia que conjuntamente con la problemática detectada en el paso 3.

Paso 4 Objetivos de desarrollo. Previo a la sesión para determinar de forma participativa los fines a seguir con el plan estratégico, debe tenerse una lectura previa del plan normativo o programas que imperan la organización y que hacer de la organización.Para tal fin se recomienda contar con esta información. Mostrarla y mantenerla presente en el recinto donde se realice esta etapa.Seguido, se continuará con la utilización de una técnica para acordar la visión, misión y objetivos del plan. (Se recomienda la técnica KJ). Para sintetizar y mostrar los fines acordados, se propone la matriz intitulada "Declaración de fines", figura 7.4.

Declaración de los fines del plan estratégico para el manejo de materiales peligrosos	
FIN	**DESCRIPCIÓN**
VISIÓN	
MISIÓN	
OBJETIVOS	
METAS	

Figura 7.4. Matriz de declaración de los fines.Fuente: Elaboración propia.

Para mejorar la declaratoria de los fines, se sugiere se base en el modelo propuesto por Garnica y Niccolas [7].

Paso 5 Identificación FODA. Ya obtenida la matriz de cruce de estrategias planteada, se crea una tabla donde se describen.

Paso 6 Plan de acción de estrategias. La última actividad a realizar, es conjuntar la información obtenida en los pasos 4 a 6 y plantear la estructura de la propuesta del plan estratégico para el manejo de materiales peligroso. Por lo que se recomienda que el informe contenga los siguientes puntos: Título, nombre de los participantes, lugar y fecha de elaboración, índice, resumen, introducción, antecedentes, justificación, planteamiento del plan, conclusiones, recomendaciones y sugerencias, fuentes documentales y anexo. Hasta el momento podemos resumir que la metodología es un conjunto de pasos que empiezan con la recopilación de información, denominada información preliminar, selección de técnicas participativas a emplear en el taller, planeación del taller y se tiene como resultado la propuesta del plan. El modelo se presenta en la Figura 7.5.

De la aplicación de la metodología, se muestran los resultados del análisis FODA, en las tablas 7.1 a 7.6. De tal forma que en el paso 6: **Plan de Acción de Estrategias,** es la última actividad a realizar, conjuntar la información obtenida en los pasos 4 a 6 y plantear la estructura de la propuesta del plan estratégico para el manejo de materiales peligrosos.

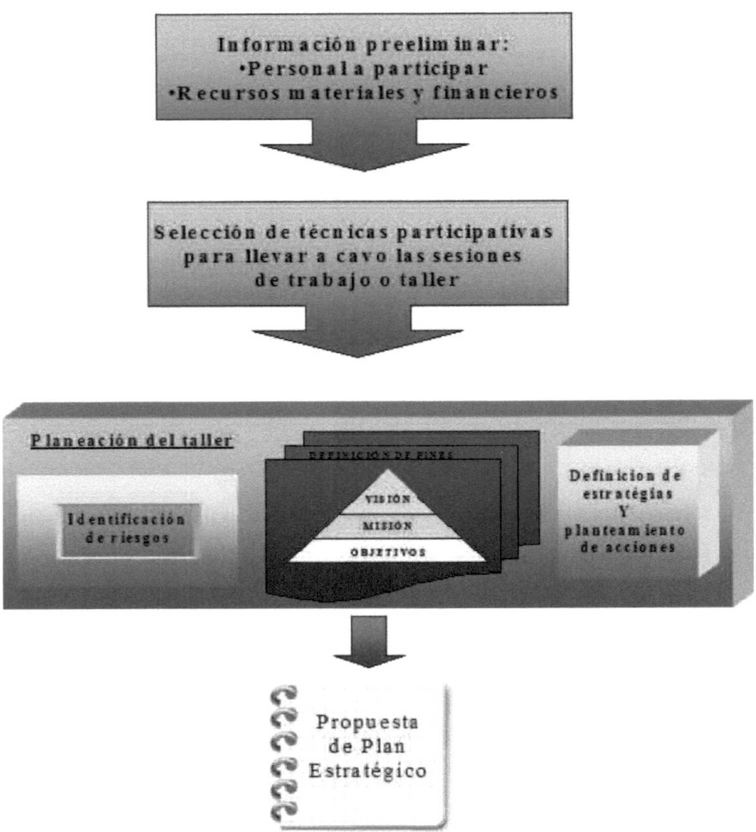

Figura 7.5. Modelo visual de la metodología para generación del plan estratégico.

Tabla 7.1. Fortalezas de la UCL.

Clave	Fortalezas
F1	Personal comprometido
F2	Certificación del ISO 9000
F3	Contar con reglamentos y normas institucionales
F4	Contar con apoyos federales como son: programas PROGES, PIFI, PROMET.
F5	Medios de comunicación como radio Universidad
F6	Información en línea
F7	Reconocimiento nacional e internacional
F8	Contar con investigadores (grupos multidisciplinarios)

Fuente: Elaboración propia.

Tabla 7.2. Debilidades de la UCL

Clave	Debilidades
D1	Algunas instalaciones y equipos obsoletos
D2	Problemas de financiamiento
D3	Incapacidad de tomar iniciativas por parte del personal operativo
D4	Falta de un objetivo estratégico en materia de seguridad
D5	No contar con una cultura de protección civil
D6	Poca habilidad para responder a los cambios
D7	Lento tramite para la adquisición de recursos

Fuente: Elaboración propia.

Tabla 7.3. Amenazas de la UCL

Clave	Fortalezas
A1	Cambios en la economía (devaluación, crisis financiera, etc.)
A2	Cambios en la organización
A3	Perdida de recursos federales
A4	Crecimiento de los usuarios
A5	Cambios constantes en la tecnología
A6	Mayor control del impacto ambiental
A7	Agentes perturbadores de origen natural y provocados por el hombre
A8	Incremento de instituciones de educación superior
A9	Mayor dificultad en la obtención de recursos

Fuente: Elaboración propia.

Tabla 7.4. Oportunidades de la UCL

Clave	Debilidades
O1	Cambios en la economía (baja en tasas de interés, estabilidad financiera, etc.)
O2	Mejores condiciones para la atención
O3	Competencia con instituciones de educación superior
O4	Vinculación con diferentes sectores (venta de servicios)
O5	Mayor control del impacto ambiental
O6	Cambio de visión
O7	Evolución de la institución
O8	Desarrollo de investigación en manejo de materiales peligrosos

Fuente: Elaboración propia.

Tabla 7.5 Matriz FODA de la UCL

MATRIZ DAFO PARA UCL		FORTALEZAS								DEBILIDADES						
		F1	F2	F3	F4	F5	F6	F7	F8	D1	D2	D3	D4	D5	D6	D7
OPORTUNIDADES	O1				E4			E7	E8	E9	E8		E7		E1	E3
	O2	E1	E2	E3	E4			E6		E8	E9		E1	E10	E10	E3
	O3	E1	E2			E5		E2			E4	E10				
	O4	E1	E2	E3			E8	E5	E7	E9	E8					E8
	O5		E2	E3				E8	E7					E10		
	O6	E1				E5		E3	E7			E3	E1	E1		
	O7			E3		E5	E3	E7		E3		E3	E1	E10		
	O8	E1				E5	E7	E7	E7		E8	E10	E7	E7		
AMENAZAS	A1		E8		E4			E8	E8	E9	E8		E1		E1	E3
	A2	E1	E3		E8		E5					E3	E10		E1	E2
	A3		E8	E3	E8	E6		E4	E8	E9	E1					
	A4	E1	E3	E3				E6						E10	E10	
	A5	E7			E8	E5	E6		E8	E9	E9					
	A6	E7	E2	E8					E7				E7			E9
	A7	E7	E2		E7	E7			E7		E10	E10		E10	E10	
	A8	E5	E2		E2	E5					E4				E1	
	A9	E8			E8				E4	E9		E1				E8

Fuente: Elaboración propia.

Tabla 7.6 Estrategias propuestas para la UCL

Clave	Estrategia
E1	Involucrar al personal en el proceso de planeación.
E2	Asegurar la calidad a través de contar con las certificaciones ISO 9000, 14000, Etc.
E3	Actualización de la legislación universitaria de forma sistemática con la visión de responder a los cambios.
E4	Mantener la participación en las convocatorias de gobierno federal con proyectos sustentables.
E5	Fortalecer los medios de comunicación a través de programas informativos de actividades, noticias, logros en las tareas sustantivas.
E6	Asegurar la calidad de los servicios académicos
E7	Formar cuadros de investigadores, académicos y técnicos en materia de manejo de materiales peligrosos, desastres y legislación ambiental.
E8	Contar con una unidad de venta de servicios y transferencia de tecnología, integrada por personal con perfil del fin que se persigue.
E9	Crear un fideicomiso para el mantenimiento de instalaciones y equipo, así como su reemplazo.
E10	Implantar el programa de protección civil

Fuente: Elaboración propia.

7.4 Conclusiones

A partir de la realización del trabajo, se comprueba que el manejo de los materiales y sustancias peligrosas que se generan en México no tienen un manejo adecuado. Esto es preocupante, porque cada día se están alterando los ecosistemas y por consiguiente esto afecta a la población en general, convirtiéndose en un problema de salud pública. De acuerdo a la información planteada, se diagnosticó que no se tiene la cultura y la capacidad de separar los materiales peligrosos en la Unidad Central de Laboratorios de la UAEH, es por eso que se propone la “Metodología para Generar un Plan Estratégico en el Manejo de Materiales Peligrosos”. A partir de la presente propuesta se percibe que todavía falta mucho que hacer para trabajos futuros en el manejo de los materiales peligrosos, como por ejemplo: que acciones se deben de tomar para el reciclado y el confinamiento final para evitar daños al ecosistema. Lo anterior da pauta a realizar investigaciones dirigidas a solucionar los problemas con un enfoque integral que proponga sistemas efectivos basados con trabajo multidisciplinar. Todo esto se puede hacer más sencillo si empleamos técnicas de planeación estratégica, que orientan sobre las acciones que se deben desarrollar para definir y priorizar los problemas a resolver.

7.5 Referencias

1. Reglamento para el Transporte Terrestre de Materiales y residuos Peligrosos, Distrito Federal, México, 28 de noviembre de 2003. Capítulo 1 3-8(2003).

2. Ley General de Protección Civil. Ultima reforma aplicada el 13 de junio del 2003.

3. Ley Estatal de Protección Civil para el Estado de Hidalgo. Publicada en el Periódico Oficial del Estado, el lunes 17 de septiembre del 2001.

4. Universidad Autónoma del Estado de Hidalgo; (2000). Manual de Higiene, Seguridad y Ecología, Dirección de Laboratorios. 1ra ed. Pachuca, Hgo., Imprenta Universitaria.

5. Programa para la minimización y manejo integral de Residuos industriales peligrosos en México 1996-2000.

6. Miklos Tomas, Técnicas e instrumentos prospectivos: Planeación prospectiva, una estrategia para el diseño del futuro, México, Limusa, 161-186(1999).

7. Garnica J. y Niccolas H.; Propuesta para fortalecer la cultura organizacional en el Centro de Investigación Avanzada en Ingeniería Industrial. Memorias del I Congreso Nacional de la Academia de Ingeniería. S.L.P. México(2003).

CAPÍTULO 8. VULNERABILIDAD HÍDRICA DE LA CUENCA DEL RÍO GUAYALEJO-TAMESÍ, TAMAULIPAS, MÉXICO.

Guillermo Rocío del Carmen Vargas-Castilleja, Julio Cesar Rolón-Aguilar, René Bernardo Elías Cabrera-Cruz, Roberto Pichardo-Ramírez, Elvira Rolón-Aguilar. Facultad de Ingeniería "Arturo Narro Siller", División de Estudios de Posgrado e Investigación, Universidad Autónoma de Tamaulipas, Centro Universitario Sur de Tamaulipas, Tampico, Tamaulipas. *email: jrolon@docentes.uat.edu.mx*

8.1. introducción

El cambio climático representa un problema ambiental de carácter mundial con consecuencias regionales y locales que deben ser consideradas como emergentes debido al deterioro que generan en el desarrollo económico, social y ambiental.[1], mencionan que los cambios del ciclo hidrológico a gran escala que se han observado en las últimas décadas del siglo XX, en aspectos relacionados con el contenido de vapor, cambios en los patrones de precipitación e intensidad de la misma, reducción en las capas de hielo y derretimiento de glaciares, así como los cambios en la humedad del suelo y en los procesos de escurrimientos, se encuentran relacionados al calentamiento global. El IPCC [2] define establecer el término vulnerabilidad como la predisposición a ser afectado negativamente, se incluye la sensibilidad del sistema a presentar daños y la falta de capacidad de respuesta. Por otro lado, la vulnerabilidad hídrica relaciona a los recursos hídricos ante los efectos del cambio climático, los cuales son analizados desde los cambios en el volumen de agua disponible superficial y subterránea, las descargas, las extracciones y la demanda para los diversos usos del agua. La región centro del país y la cuenca Lerma-Chalapa, son las más vulnerables en términos de agua y justamente las más pobladas [3]. En estudios realizados a tres cuencas claves (Río Conchos, Lerma-Chapala y Grijalva) se determinó la vulnerabilidad hídrica global y se observa que las tendencias anuales de precipitación que muestran los modelos, determinan que los escurrimientos medios anuales disminuirán. Es importante definir claramente los conceptos clave que rodean a los estudios de la vulnerabilidad, es este sentido la amenaza es la probabilidad de que ocurra un evento con suficiente intensidad como para producir un daño, el peligro es la fuente o situación con potencial de producir daño sobre las personas o sus bienes.

La vulnerabilidad es la probabilidad de que una comunidad o grupo de personas expuestas a una amenaza o peligro, pueden sufrir daños humanos y materiales según el grado de fragilidad de algunos de sus elementos, tales como: infraestructura, vivienda, riesgo en las actividades productivas, grado de organización antes las amenazas, antes, durante y después, existencia de alertas tempranas o nivel de información de la población, desarrollo y coordinación entre instituciones. La vulnerabilidad no es algo natural, es social y por eso se pueden cambiar las condiciones y factores que hacen más sensibles los sistemas ante amenazas o peligros. El riego es una combinación de la amenaza del clima extremo y la vulnerabilidad. Es la probabilidad de que condiciones de cambio puedan ocasionar desastres en una región, debido a que es altamente vulnerable. De tal forma la vulnerabilidad está en función de la falta de resiliencia y la susceptibilidad del sistema [4]. Los estudios de vulnerabilidad tienen un enfoque desde el *"punto final"* cuando el evento climático se presenta y se define en términos de daños potencial causado, es una función residual entre los impactos del cambio climático menos la adaptación. El otro enfoque es desde el *"punto inicial"* con base en la historia, en la evaluación de la sociedad por una seguridad alimentaria. La vulnerabilidad de cualquier individuo o grupo social a un fenómeno en particular es determinada primeramente por el estado de su existencia misma, la cual será su capacidad de responder a un determinado peligro, sin importar si puede o no suceder en el futuro. Los impactos derivados de cambios en el clima dependen en gran medida de las condiciones de vulnerabilidad constituida por la sociedad. La vulnerabilidad en las actividades económicas son importantes puntos de estudio debido a que constituyen el soporte del desarrollo humano. Para fines del presente, el sector hídrico es de suma importancia, y puede verse afectada por el desabasto de agua, la falta de calidad de agua y la misma competencia por tener agua. Es evidente que los retos que México enfrenta en materia de agua aunado a los efectos del cambio climático ya persistentes, son los causantes de una creciente vulnerabilidad hídrica, sobre todo en las zonas costeras, en el sur del país con lluvias torrenciales y eventos ciclónicos y en el norte con sequías intensas y prolongadas. Hay una serie de eventos importantes en las últimas décadas que han acentuado el desbalance hídrico en el país, incrementando los problemas no solo de cantidad sino de calidad de agua, y en gran medida la falta de una infraestructura eficiente que se ha visto deteriorada por el paso del tiempo y por eventos climáticos agresivos, coadyuvando a un aumento en el grado de sensibilidad en los sistemas y sectores del país, principalmente en los productivos, en donde el agua tiene un valor primordial para llevarlos a cabo.

En sentido estricto las regiones del sur de México cuentan con suficiente agua, sin embargo, la problemática radica en la falta de administración del recurso, que aunado a los efectos del cambio climático, como disminución de lluvias donde ya es una zona árida o aumento de lluvia donde hay suficiente recurso usado de manera irracional o incluso donde no se cuenca con la infraestructura para soportar las grandes cantidades de agua que podrían conducirse por los cauces. El tema de la vulnerabilidad en México debe analizarse desde una perspectiva social, económica, ambiental y física, tanto en el presente (el escenario base) como en el futuro (bajo proyecciones de cambio climático) a niveles espaciales regionales, municipales, a nivel de cuencas hidrológicas incluso a nivel de comunidad rural, debido a que los más pobres son los más vulnerables social y económicamente.

Por otro lado, las amenazas para México por eventos climáticos extremos, como las sequías, inundaciones, heladas, incendios forestales, deshielo de glaciares, entre otros, deben ser canalizados bajo un plan estratégico de adaptación actualizado a las condiciones que se han presentado en la última década, las cuales han sido atípicas y con mayor frecuencia. Con base en lo anterior es necesario determinar la vulnerabilidad hídrica actual de las diversas zonas en México para finalmente establecer un plan real de gestión del riesgo para atenuar los efectos del cambio climático, dando prioridad a las regiones a nivel de mar, las que han presentado mayor ocurrencia de eventos hidrometeorológicos extremos, las ciudades con mayor marginación, las regiones que representan un clúster industrial importante para el PIB del país, incluso las zonas agrícolas más dominantes. Con base en Nelson et al.[5], la agricultura es la más afectada por los cambios en el clima y se sabe que los países en vías de desarrollo dependen mayormente de esta actividad la cual presenta impactos directos en los rendimientos de las variedades de cultivos como maíz, frijol, cebada y sorgo, y con ello trae una disminución en el consumo calórico que proporciona una estabilidad alimentaria básica a la población. Hejazi et al citado en Sánchez, Esquivel, Velázquez, Díaz, & Núnez[6] concluyen que los modelos proyectan un acentuado estrés hídrico en las zonas áridas, es decir, la relación oferta/demanda será desproporcional ocasionando una alta vulnerabilidad social, económica y ambiental.

Por otro lado, la problemática de la vulnerabilidad del agua se debe en gran medida debido al crecimiento de la demanda, el cambio de uso de suelo, la falta de cultura en el aprovechamiento del recurso y el desorden a nivel de cuenca en términos de asignación y concesión de agua para los diferentes usos, los servicios ambientales no son tomados en consideración como prioritarios, lo que trae consigo una degradación de las eco- regiones que representan una fuente natural de suministro de agua. La vulnerabilidad del agua representa una amenaza para la sobrevivencia del ser humano, es por ello que el establecimiento de índices e indicadores que representan un hallazgo actual y futuro de la sensibilidad del sistema, mitigarán los efectos adversos por el aumento de la población y los eventos climáticos extremos como sequías e inundaciones. Las regiones de México más vulnerables son las más pobladas, el ejemplo claro es el centro del país y la cuenca Lerma-Chapala que alimenta en gran medida al sistema Cutzamala y por ende a millones de personas. Con base en la importancia que el agua representa para el ser humano, el análisis del estado que guardan los recursos hídricos estableciendo indicadores clave para determinar el grado de sensibilidad, exposición y adaptación, es el primer paso para establecer índices de vulnerabilidad hídrica que evidencien la importancia de actualizar la política pública en materia de agua, previniendo mayores afectaciones por daños ocasiones ante eventos hidrometeorológicos intensos. Se planea la necesidad de evaluar de manera puntual indicadores esenciales para determinar a nivel cuenca hidrológica la vulnerabilidad de los recursos, bajo una escala temporal que permita definir con mayor claridad el comportamiento de las variables bajo diversos escenarios socio-económicos y climáticos.

8.2 La vulnerabilidad hídrica en México

El análisis del riesgo está en función de las amenazas o peligros naturales, la vulnerabilidad (sensibilidad) y la exposición. La falta de prevención de amenazas expone a los sistemas y sectores de manera continua y aumenta la sensibilidad de hombre al verse afectado por los daños que ocasiona el evento que por consiguiente lo transforma en un desastre[5-6] Sánchez & Cavazos concluyen que los desastres están conformados por una serie de factores físicos, socio-económicos, culturales, entre otros, los cuales se presentan de diferente manera a escalas temporales y espaciales por lo que es necesarios llevar a cbo estudios multidisciplinarios De igual manera en ref [7] mencionan que unas de las situaciones que agudizan la vulnerabilidad y ocurrencia de desastres en el mal manejo de cuencas hidrológicas, trasvase entre cuencas e invasión de cauces de ríos, y presentan un gráfico donde se evidencia la frecuencia de eventos hidrometeorológicos extremos a nivel global, y que para el caso de México se presentan de igual manera con un 83% de ocurrencia para el periodo 1980 y 2011. La institución clave en México en materia de atención y prevención de desastres es CENAPRED (Centro Nacional de Prevención a Desastres) que a través de los apoyos del FONDEN (Fondo Nacional de Desastres Naturales) y el PROFEDEN (Fondo Nacional para la Prevención de Desastres Naturales) atienden las regiones prioritarias en riesgo y las que han tenido daños ocasiones por eventos naturales extremos (ver Figura 8.1).

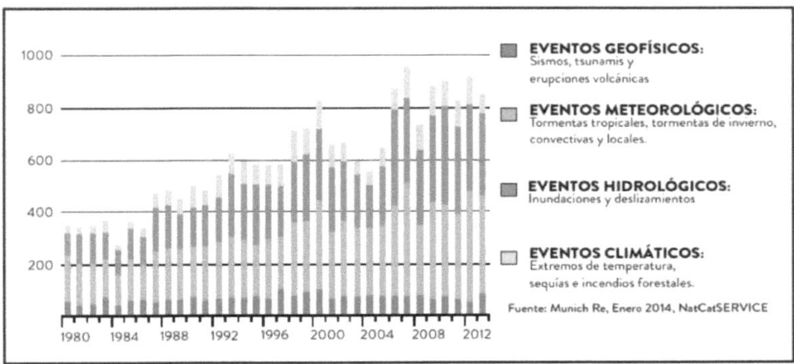

Figura 8.1. Número anual de eventos catastróficos naturales globales, 1980-2013 con base en Munich Re, 2014
citado en Sánchez & Cavazos [7].

Los eventos hidrometeorológicos están relaciones con el comportamiento de la precipitación pluvial en forma de lluvia, que para México presenta una distribución desproporcional lo que ocasiona zonas aún más vulnerables.

La siguiente figura 8.2, muestra el comportamiento de la precipitación en México, esto permite identificar las regiones con una vulnerabilidad hídrica por estrés hídrico o por riesgo de inundación.

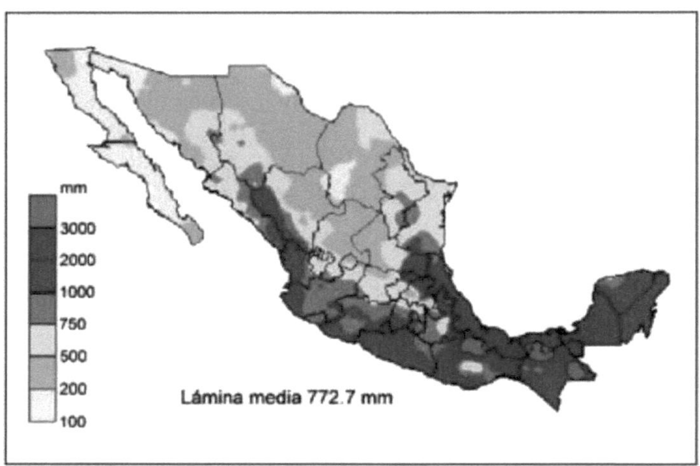

Figura 8.2. Precipitación media anual en México, Servicio Meteorológico Nacional, citado en CENAPRED [8].

En las Comunicaciones Nacionales sobre Cambio Climático en México (CNCC) se han considerado opciones de mitigación y adaptación, y en el transcurso de los últimos 5 años la arquitectura del concepto de cambio climático en el país se ha ido transformando, definiendo tareas más específicas para las diferentes dependencias del sector público en las tres órdenes de gobierno, sin embargo, las acciones aún son escasas y por ello la política pública requiere actualizarse. En la segunda CNCC, se menciona que una de las acciones emergentes se localiza en las zonas costeras las cuales podrían verse afectadas por el nivel del mar en un radio de 15 Km^2, afectando los sectores productivos y los ecosistemas, haciendo énfasis que una de las regiones especialmente vulnerables en México son las desembocaduras del Río Bravo, en Tamaulipas.

8.3 Vulnerabilidad hídrica a nivel entidad y municipio: caso Tamaulipas.

El estado de Tamaulipas cuenta un amplio frente costero estimado de 433 Km, en donde se ubican los municipios con mayor concentración poblacional. El estado se posiciona geográficamente frente al Golfo de México, en una zona de influencia ciclónica, por otro lado, la presencia de una diversidad climática dentro del territorio, lo hace vulnerable ante eventos hidrometeorológicos extremos como lo expresan Ramírez, Barrios, & Torres en 2011. Los municipios más vulnerables en el estado son Bustamante, San Carlos, Gómez Farías, Cruillas, Palmillas, Nuevo Morelos, por otro lado, Matamoros representa una muy alta vulnerabilidad por su capacidad adaptativa, mientras que municipios como San Fernando, Matamoros, Reynosa se muestran con una alta vulnerabilidad por la exposición climática, en la figura 8.3 que muestra el comportamiento municipal ante la exposición climática.

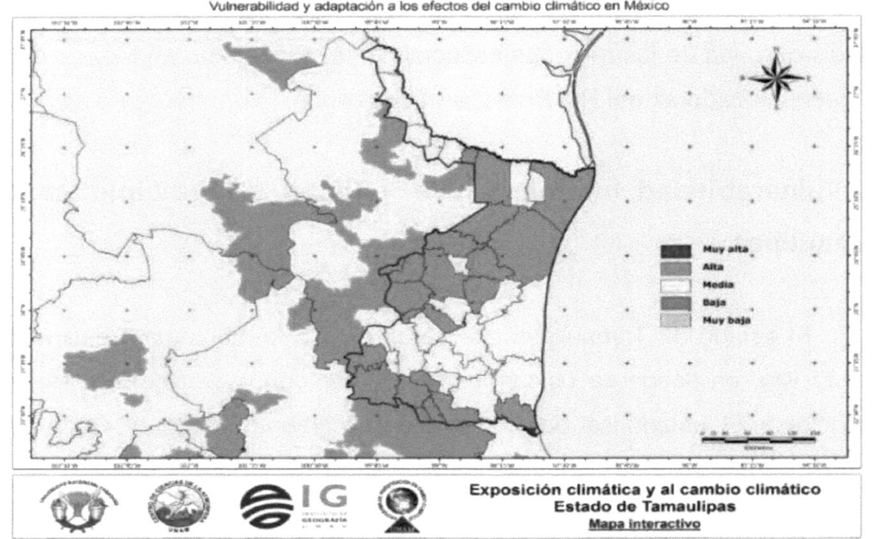

Figura 8.3. Vulnerabilidad municipal por exposición climática en Tamaulipas, citado en Monterroso, R. *et al*[9]

Son trece municipios que presentan una vulnerabilidad media al cambio climático, sin embargo, las proyecciones de cambio climático indican que el estrés hídrico se verá agudizado en el norte del estado, mientras que en el sur las lluvias torrenciales e inundaciones aumentarán la sensibilidad de los sectores y de la población, específicamente la vulnerabilidad hídrica está clasificada como media para el 88% de los municipios, y alta para el 12% [9]. El estado no cuenta con el suficiente marco de planeación para llevar a cabo acciones concretas emergentes, recientemente ha sido liberado el PECC (Programa Estatal de

Cambio Climático) donde se lleva a cabo un análisis de la vulnerabilidad y se concluye que los municipios de la región fronteriza serán los más afectados por el cambio climático, debido a una reducción en la lluvia anual considerando las anomalías, lo que indica que agudo estrés hídrico, el siguiente paso será identificar los meses más vulnerables, y en qué condiciones se verán afectados, para prevenir los impactos negativos. En el PECC de Tamaulipas llevó a cabo el análisis de la vulnerabilidad por regiones sur, centro y norte, así como por las seis regiones en las que está divido el estado con base en sus sistemas productivos, geografía, clima, entre otros factores. De igual manera, consideró el estudio por sistemas, donde destaca la vulnerabilidad hídrica relacionada con la modificación del sistema hidrológico y la oferta-demanda de los sectores productivos, y se menciona que un aspecto central de análisis es la importancia de las cuencas para lograr la conservación de los ecosistemas y por ende el abasto de agua para los diversos usos. Es por ello que Monterroso[9], presentan ciertas medidas adaptativas primordiales para el estado, mencionado algunas esenciales, destacando la formulación de programas de regeneración y conservación de ecosistemas, en los que el Sistema Lagunario del Río Tamesí, representa una importancia sustancial, de igual manera la restauración y conservación del cordón litoral del puerto de Altamira, así como el control de contaminantes en la desembocadura del Río Pánuco. Las zonas de recarga son la base para disminuir la vulnerabilidad hídrica, que generar un mejor funcionamiento de las cuencas hidrológicas. Para lograr lo anterior, la actividad conjunta del gobierno y los consejos de cuenca, comisiones y comités deberá ser efectiva, replanteando sus reglas de operación, y otorgando prioridades a proyectos encaminados a mantener, mejorar y reconstruir obras hidráulicas. El estado de Tamaulipas requiere de un manejo integral de sus recursos hídricos, por ser un estado costero con una amplia actividad agrícola e industrial de la que depende en gran medida su economía.

8.4 Un caso de estudio a nivel cuenca costera

Con base en lo anterior, la importancia de llevar a cabo estudios de vulnerabilidad hídrica a nivel cuenca hidrológica, soportará las bases de prevención ante eventos hidrometeológicos extremos, y por ende permitirá tomar en consideración el estado que guardan los recursos hídricos presentes y bajo diversos escenarios climático y socio-económicos. En el presente apartado se presenta un análisis de la vulnerabilidad en unas las cuencas hidrológicas más importantes del estado ubicada al sur y que corresponde a la Región Hidrológica No. 26 del Río Pánuco. La cuenca del Río Guayalejo-Tamesí (CRGT) cubre una superficie de 16,810 km^2 y de acuerdo con el Censo de Población y Vivienda del 2010, tiene una población de 988,313 habitantes, cifra que representa el 30.2% del total de habitantes del Estado de Tamaulipas. Su densidad de población es de 58.8 hab/km^2 y se estima un crecimiento demográfico para el periodo 2005 al 2010 de 1.3%. Se considerando las tres categorías del análisis de la vulnerabilidad: *la exposición, la susceptibilidad y la capacidad de adaptación* del territorio y la sociedad afectada. Para ello se presentan tres tablas que describen las tres categorías y los indicadores considerados, con el objeto de valorar la vulnerabilidad hídrica ante el cambio climático en la CRGT (ver Tabla 8.1 a Tabla 8.3).

Tabla 8.1. Guía de indicadores de exposición al cambio climático.

Categoría/Indicador	Elaboración/Fuente
Grado de Exposición. *La naturaleza y grado al cual está expuesto un sistema. Es igual a la frecuencia de eventos extremos, problemáticas ambientales y climatológicas.*	
1. Índice de Exposición por Eventos Extremos (IEEE).	Índice desarrollado por Monterroso (2012). Evalúa la exposición que han observado los municipios del país a través de indicadores que representan cambios en las condiciones climáticas históricas al incluir magnitud y frecuencia de eventos extremos. Este índice permite caracterizar el grado de estrés climático e identificar aquellos municipios en la cuenca que han estado más expuestos a la variación climática. Este indicador se normaliza: Si 0.0 $<$ IEEE $\leq$ 0.20 Bajo Si 0.21 $<$ IEEE $\leq$ 0.40 Medio Bajo Si 0.41 $<$ IEEE $\leq$ 0.60 Medio Si 0.61 $<$ IEEE $\leq$ 0.80 Medio Alto Si 0.81 $<$ IEEE $\leq$ 1.0 Alto
2. Índice de Aridez ó Índice de Lang. $I_{LANG} = \frac{P_m}{T_m}$	Estimador de eficiencia de la precipitación en relación con la temperatura. Indica un déficit debido a la escasez de precipitaciones. Si $0 < I_{LANG} < 40$ Región árida Si $40 < I_{LANG} < 60$ Región húmeda Si $I_{LANG} > 60$ Región muy húmeda
3. Disponibilidad Media Anual Per Cápita (m^3/hab/día) $DMPC = \frac{D_m}{Pob}$	Estimador que relaciona la disponibilidad media anual en la cuenca con la población. Evalúa la situación de los recursos hídricos en la cuenca, e indica el nivel de estrés en la misma (Brooks, 2004). Si DMPC $\leq$ 1000 Escasez de agua Si 1000 $<$ DMPC $\leq$ 1700 Estrés hídrico Si DMPC $>$ 1000

Fuente: Elaboración Propia.

Tabla 8.2. Guía de indicadores de susceptibilidad

Grado de Susceptibilidad o Sensibilidad. *Representa el grado de fragilidad al cambio climático. Corresponde a la fragilidad que presentan los actores que se ven afectados directamente ante un efecto adverso del cambio climático.*	
1. Población Expuesta. (PE).	Cantidad de habitantes en los centros poblacionales que albergan la cuenca, entre mayor sea el tamaño poblacional de una localidad mayor será la vulnerabilidad ante el cambio climático. Se considera el número de habitantes por localidad durante el censo poblacional más reciente (INEGI, 2010). Este indicador se normaliza. Si 0.0 $< PE \leq 0.20$ Bajo Si 0.21 $< PE \leq 0.40$ Medio Bajo Si 0.41 $< PE \leq 0.60$ Medio Si 0.61 $< PE \leq 0.80$ Medio Alto Si 0.81 $< PE \leq 1.0$ Alto
2. Grado Presión Hídrica. $GPH = \frac{V_{cons}}{D_m} \times 100$	Porcentaje del volumen total de agua concesionada respecto al agua disponible (CONAGUA, 2011). Si GPH $\leq 10\%$ Sin presión Si $10\% <$ GPH $\leq 20\%$ Presión Baja Si $20\% <$ GPH $\leq 40\%$ Presión Media Si $40\% <$ GPH $\leq 100\%$ Presión Alta Si GPH $> 100\%$ Presión Muy alta

Fuente: Elaboración Propia

Tabla 8.3. Guía de indicadores de adaptación

Capacidad de Adaptación. *La capacidad de adaptación en su conjunto representa la capacidad de resiliencia de la sociedad y su economía ante un decremento en la disponibilidad de agua debido al cambio climático.*		
1.	Índice de Marginación Social (IMS).	Este índice es elaborado por la CONAPO (Consejo Nacional de Población) y observa la integración de nueve indicadores socioeconómicos: grado de analfabetismo, educación primaria terminada, drenaje sanitario, acceso a energía eléctrica, servicios de agua potable, nivel de hacinamiento, porcentaje de viviendas con piso de tierra, localidades con población menor a 5 000 habitantes e ingreso económico. Si -1.83190 < IMS < -1.32309 GM Muy Bajo Si -1.32309 < IMS < -1.06870 GM Bajo Si -1.06870 < IMS < -0.81425 GM Medio Si -0.81425 < IMS < 0.71231 GM Alto Si 0.71231 < IMS < 8.34515 GM Muy Alto
2.	Índice de Desarrollo Humano (IDH). $IDH = \frac{ISIS + IE + IPIB}{3}$	Elaborado de igual manera por la CONAPO, comprende tres dimensiones a nivel municipal: índice de sobrevivencia infantil, índice de educación e índice del PIB per cápita. Si IDH > 0.80 Alto Si 0.65 < IDH < 0.799 Medio Alto Si 0.50 < IDH < 0.649 Medio Bajo Si IDH < 0.5 Bajo

Fuente: Elaboración Propia.

Con base en la estimación de los indicadores propuestos, se observan las siguientes conclusiones (Tabla 8.4). Por ello, la vulnerabilidad en la cuenca de estudio, aún permite desarrollar planes y programas dirigido al manejo integrar de los recursos hídricos que fortalezca las condiciones de disponibilidad de agua, y sobretodo que preserve las condiciones de la CRGT. Lo anterior es importante ya que las condiciones de desarrollo tanto económico como demográfico a las que se enfrentamos los sistemas debido a los impactos negativos del cambio climático van en aumento y generan una mayor demanda hídrica para satisfacer las necesidades del ser humano.

Tabla 8.4. Resultados obtenidos en la estimación de indicadores.

Índice	Valor
Índice de Exposición por eventos extremos (IEEE)	Grado Medio Bajo: 68.2% de la población expuesta
Índice de Aridez ó Índice de Lang (I_{LANG})	39.7, Región árida.
Disponibilidad media per cápita anual (DMPC)	3,811.9 m^3/hab/año
Población Expuesta (PE)	Municipios mayormente expuestos: Tampico, Altamira y Cd. Madero.
Grado de Presión Hídrica (GPH)	14.3%, Nivel Bajo.
Índice de Marginación Social (IMS)	-Con base en municipios: Grado Medio del IMS. -Con base en la población: Grado Muy Bajo de IMS.
Índice de Desarrollo Humano (IDH)	Grado Alto y Medio Alto

Fuente: Elaboración Propia.

El cambio climático representa una problemática que debe ser abordada a tiempo para generar nuevas estructuras de administración del agua y prácticas de aprovechamiento del recurso que proporcionen un equilibrio que sustente el uso futuro del recurso hídrico a nivel cuenca hidrológica. Las tendencias observadas y predichas de las condiciones climáticas globales debido a la alteración de los patrones de precipitación, los efectos sobre los recursos hídricos no se han hecho esperar. Por una parte, el incremento del riesgo de sequías, que modifica la disponibilidad del agua afectada por la disminución de la cantidad del recurso, el aumento por riesgo de inundaciones también altera la disponibilidad del agua afectada principalmente en la calidad de la misma a causa de escorrentías intensas. En este sentido, y en lo que respecta a México, en buena parte de su territorio ya se observa una disminución del escurrimiento medio anual y de la disponibilidad de agua[10-11]. Ahora bien, la identificación del comportamiento de la vulnerabilidad hídrica, deberá realizarse mensualmente, debido a que la distribución de la precipitación en México presenta una variabilidad con respecto a lo meses del año. Es decir, las regiones en México áridas, se presentan una alta vulnerabilidad en época de estiaje entre los meses de noviembre a abril, mientras que las regiones húmedas del centro-sur de México, presentan una alta vulnerabilidad hídrica en los meses de mayo a octubre, por la presencia de precipitaciones con mayor frecuencia e intensidad.

Sin lugar a duda, las aplicaciones tecnológicas permitirán disminuir la vulnerabilidad hídrica en el país, logrando ciudades resilientes, que poseen la capacidad de enfrentar los retos que el clima está presentando de manera evidente y con mayor frecuencia e intensidad. Sin embargo, el panorama para México en materia de financiamiento es un reto[12], para lograr disminuir la vulnerabilidad en por lo menos 50% de los municipios en México, como el gobierno lo ha establecido en la COP21, es indispensable tomar como emergentes las zonas costeras por su planicie con el mar y porque gran parte de la población se concentra en estas regiones[13].

8.5.Conclusiones

Por otro lado, los estudios de los impactos futuros del cambio climático son representados con una menor incertidumbre a grandes escalas, esto con base en los resultados cuantitativos de los modelos. Por tal motivo, es evidente la necesidad de determinar las posibles consecuencias y el estado actual que guardan las regiones para prevenir las afectaciones a las actividades productivas y por ende a la calidad de vida del ser humano. Para lograr objetivos claves que conlleven a la reducción de los impactos del cambio climático y para el desarrollo de políticas públicas efectivas, son de gran utilidad los estudios de vulnerabilidad, que sólo representan una parte primordial de la gestión del riesgo, debido a que éste incluye de igual manera el estudio de las amenazas, la parte del comportamiento del clima que con cierta probabilidad podría ocasionar efectos adversos. El estudio de la vulnerabilidad es un "juego de probabilidades" sustentados en indicadores clave que evidencian la fragilidad de un sistema en lo económico, social y ambiental en donde se incluye el suelo, el agua y el aire.

Los eventos hidrometeorológicos, los cuales están relacionados con los cambios en la atmósfera, determinan las amenazas y los peligros cuando se presentan de manera severa o intensa, y pueden convertirse en factores desencadenantes de un desastre. Los cambios en el clima no se pueden modificar ni evitar, pero los impactos derivados de eventos extremos pueden ser reducidos y dependen de lo que hace o deje de hacer la sociedad para enfrentarlos, es por ello que el sector público, privado y sociedad deben estar estrechamente vinculados para que las políticas públicas sean efectivas y reduzcan la vulnerabilidad hídrica y con ello se desarrollen ciudades resilientes antes los efectos adversos del cambio climático. La vulnerabilidad seguirá creciendo a medida que la información climática no sea tomada como una medida preventiva y no como una explicación del desastre. Los análisis de la vulnerabilidad son una herramienta que para los tomadores de decisiones y para los pobladores en zonas de altamente susceptible a impactos por eventos extremos y la información obtenida debe ser proporcionada a las comunidades, localidades y municipios, así como a nivel de cuencas que tengan un mayor nivel de afectación por el cambio climático.

8.6 Referencias

1. Bates, B., Kundzewicz, Z., Wu, S., & Palutikof, J., *Climate Change and Water.* Geneva: Technical Paper of the Intergovernmental Panel on Climate Change(2008).
2. IPCC. *Cambio Climático 2014. Impactos, adaptación y vulnerabilidad. Resumen para responsables de políticas. Contribución del Grupo de Trabajo II al Quinto Informe de Evaluación de Evaluación del Grupo Intergubernamental de Expertos sobre el Cambio Climático.* Suiza(2014).
3. Rivas, I., Güitrón, A., & Ballinas, H. Vulnerabilidad Hídrica Glabal:Aguas Superficiales. In P. Martínez, & C. Patiño, *Efectos del Cambio Climático en los Recursos Hídricos de México. Volumen III. Atlas de Vulnerabilidad Hídrica en México ante el Cambio Climático* (pp. 83-113). Jiutepec, Morelos: Instituto Mexicano de Tecnología del Agua. (2010).

4. Landa, R., Ávila, B., & Hernández, M. *Cambio Climático y Desarrollo Sustentable para América Larina y el Caribe.* México, D.F.: British Council. PNUM, México. Cátedra UNESCO-IMTA, FLACSO. (2010).
5. Nelson, G. et al. (2009). *Cambio Climático. El impacto en la agricultura y los costos de adaptación.* Washington, D.C.: Instituto Internacional de Investigación sobre Políticas Alimentarias IFPRI.
6. Sánchez, I., Esquivel, G., Velázquez, M., Díaz, G., & Númez, M. Impacto de la Variabilidad climática en la Disponibilidad de Agua para Producción Agrícola en México. In C. Gay, J. Clemente, & X. Cruz, México ante la urgencia climáticas: ciencia, política y sociedad (pp. 243-271). México, D.F.: Universidad Nacional Autónoma de México. (2015).
7. Sánchez, R., & Cavazos, T. (2015). Capítulo I:Amenazas Naturales, Sociedad y Desastres. In T. Cavazos, & ILCSA (Ed.), Conviviendo con la Nauraleza. El Problema de los Desastres Asociados a Fenómenos Hidrometeorológicos y Climáticos en México (pp. 1-45). México: REDESClim.
8. CENAPRED.. Diagnóstico de Peligros e Identificación de Riesgos de Desastres en México. Atlas Nacional de Riesgos de Desastres en México. México, D.F.: Secretaría de Gobierno, Sistema Nacional de Protección Civil y Centro Nacional de Prevención de Desastres. (2001)
9. Monterroso, R. et al. (2014). *Vulnerabilidad y Adaptación a los efectos del cambio climático en México.* México: Centro de Ciencias de la Atmósfera. Programa de Investigación en Cambio Climático. Universidad Nacional Autónoma de México. http://atlasclimatico.unam.mx/VyA.

10. Mendoza, V., Villanueva, E., & Adem, J. Vulnerability of basins and watersheds in Mexico to global climate change. *Climate Research, 9*, 139-145. (1997)
11. Gay, C., *México: Una Visión Hacia el Siglo XXI. El cambio climático en México. Resultados de los Estudios de Vulnerabilidad del País Coordinados por el INE con el Apoyo del U.S. Country Studies Program*. México, D.F.: SEMARNAT, UNAM, USCSP.(2000)
12. Clemente, J., & Sánchez, A. Opciones de Financiamiento para la Mitigación del Cambio Climático en México. In C. Gay, J. Clemente, & X. Cruz, *Reporte Mexicano de Cambio Climático. Grupo III. Emisiones y Mitigación de Gases Efecto Invernadero* (pp. 279-294). México, D.F.: Universidad Nacional Autónoma de México. Programa de Investigación en Cambio Climático. (2015)
13. Vargas, R., Rolón, J., & Pichardo, R. Implicaciones de los Acuerdos de la COP21 en los recursos hídricos en México. In J. Clemente, C. Gay, & F. Quintana, *21 Visiónes de la COP21. El acuerdo de París: Retos y Áreas de Oportunidad para su Implementación en México* (pp. 249-258). México: Programa Nacional de Investigación en Cambio Climático. Universidad Nacional Autónoma de México(2016).

CAPÍTULO 9. EVALUACIÓN Y CERTIFICACIÓN DE PERSONAL

Jhonatan Camacho Olguin, : Paulino José Rivero Meléndez, Juan Antonio Rivas Ramírez, Miguel Angel Taboda Razo, Zuri Sarahy Gutierrez Razo C.A. de Procesos y Sistemas Industriales, de la Universidad Tecnologica de Tecámac

Ilse Giovana Valverde Ramírez, PPG COMEX S.A de C.V.

9.1 Introducción

La empresa COMEX S.A DE C.V planta Tepexpan inaugurada en 1971 por la familia Achar, actualmente es la planta más grande de pinturas a nivel estructural [1], actualmente la empresa está aplicando ciertas estrategias de mejora continua y filosofías japonesas como LEAN MANUFACTURING, KAIZEN, 5´S, SMED, POKA YOKE, KAN BAN, etc. y actualmente están aplicando un modelo de Certificación de habilidades llamada MATRIZ ILUO, esta es una estrategia utilizada por grupo COMEX S.A DE C.V en la cual se miden parámetros de conocimientos teóricos, habilidades generales, y habilidades técnicas, la cual se emplea con el fin de detectar, en donde hay una oportunidad para retroalimentar y capacitar al personal que presente alguna deficiencia de conocimiento, ya sea del proceso, teoría, o herramientas que utilizan dentro de su puesto para la fabricación de producto, para que de esta manera nosotros como encargados del departamento de capacitación reforcemos sus carencias de conocimiento y al reforzarlos nosotros podamos certificarlos como especialistas en el trabajo que desempeñan, de esta manera no solo los certificaremos, si no que aumentaremos la eficiencia del proceso y lograremos que más del 95% de toda la planta sea especialista en sus puestos. Anteriormente esta técnica solo se aplicaba en puestos críticos, los cuales afectaban directamente su relación con la fabricación del producto, pero debido a los buenos resultados que se obtuvieron en el 2014 y 2015 se extendió la certificación a todos los operadores que hay en la planta los cuales desempeñan una función o actividad para la fabricación del producto, y para 2016 paso de certificarlos en un nivel "I" a un nivel "L" hasta el 2017 que se buscó una nueva estrategia para certificarlos de un nivel "L" a un nivel "U" [1].

La certificación ILUO otorga una ponderación que determina en qué nivel se encuentra cada operador:

I= TIENE UNA PONDERACIÓN DE------------------------ 80% a 89%

L= TIENE UNA PONDERACIÓN DE------------------------90% a 93.9%

U= TIENE UNA PONDERACIÓN DE------------------------94% a 100%

El trabajo se desarrolla dentro de la empresa PPG COMEX. S.A DE C.V es prácticamente la aplicación de los 2 exámenes tanto el de habilidades generales como el de habilidades técnicas, algunas modificaciones en los exámenes para el puesto de colorante y ordenar secuencialmente los demás exámenes, una vez aplicando los 2 exámenes (habilidades técnicas y habilidades generales), el resultado se promediará y en base al resultado obtenido por los operadores, se les otorgará el nivel que hayan obtenido, por lo tanto se tomaran los siguientes criterios:A los trabajadores que obtengan el nivel deseado “U” se les dará un reconocimiento y el certificado como especialista en su puesto.A los trabajadores que obtengan el nivel de “L” se les dará la capacitación en donde se presenta la carencia de conocimientos y se reforzara para que alcance el nivel deseado de “U”A las personas que obtengan el nivel “I” se les capacitara de manera específica para alcanzar el siguiente nivel “L”. Y por último a las personas que adquieran un nivel menor a “I” se les aplicarán nuevamente los exámenes y se les capacitará sobre los temas específicos para alcanzar los siguientes niveles.

Al observar el trabajo realizado por los operadores para la fabricación de diferentes productos, ya sea para el puesto de igualador, ampliador, envasador etc. Se detectó que no tienen una estandarización para la realización de su trabajo, también se detectó que no siguen una serie de pasos ordenados para la realizar su actividad, y por último se observó que algunos operadores carecen de información y capacitación, para utilizar algunas herramientas de trabajo, así como carencia de habilidades generales.

Sin embargo, algunos operadores son muy buenos en cuanto al trabajo práctico o técnico mientras que en la parte teórica carece un poco de conocimiento esto los hace ser no muy eficientes como se desea, no importa el departamento, porque algunos operadores no conocen al 100 por ciento la información para utilizar algunas herramientas, así mismo carecen un poco de información general que se debe de manejar dentro de la empresa, lo cual hace que la productividad no sea tan eficiente como se desea y por lo tanto no se llegue con la meta de certificar en 2 evaluaciones, una evaluación para determinar sus habilidades generales, y otra evaluación que nos permitirá evaluar sus habilidades técnicas, esto permitirá realizar los trabajos de los diferentes puestos, de una manera estandarizada y con un alto nivel de eficiencia, con menor tiempo, mayor índice de calidad, y mayor seguridad personal para todos y cada uno de los operadores, ya que conocerán los procedimientos exactos que deben de realizar, conocerán cual es el equipo de protección personal que se debe de utilizar para los diferentes trabajos, y para la fabricación de los diferentes productos.

Esto beneficiará a la empresa ya que disminuirá los riesgos y peligros de trabajo, hará más eficiente el tiempo en el proceso de fabricación, disminuirá los tiempos ocios, e incluso el mismo operador ya certificado como especialista, tendrá la capacidad de orientar y capacitar al personal de nuevo ingreso que este en su misma área. Otra ventaja que tendrá la empresa, es que al aumentar el conocimiento y la capacitación al personal, podrá rolar a sus trabajadores a diferentes áreas o máquinas dentro del mismo departamento y no estará esperanzada a que el único operador que sabe operar "n" máquina no llego y haya paro de producción, y al haber paro de producción, son pérdidas económicas, por lo tanto no se cumple con el programa establecido de piezas por lote, de esta manera la empresa no presentará problemas por falta de personal en esta temporada alta. El examen se diseñara, de manera práctica y de manera que no se complique a la hora de otorgar la ponderación, también de manera resumida a los procesos y tomando como referencia el catálogo de CONTENT

MANAGEMENT, MANUALES LUPS, HOE, INSTRUCTIVOS Y PROCEDIMIENTOS, para hacerlo.

Los diferentes departamentos de producción que hay en toda la planta son:

- Área de Automotivo
- Área de Decorativo
- Área de Resinas
- Área d Almacenes
- Área de Aerosoles
- Área de Mantenimiento
- Área de Solventes

Dentro de estos departamentos se harán las certificaciones ILUO, en total por todas las áreas mencionadas se tienen 230 trabajadores, de los cuales todos ellos serán evaluados con el propósito de que más del 95% obtenga el nivel "U". [1]

En esta investigacion se aplica el análisis de los puestos críticos y se revisa el tiempo disponible de cada operador en las diferentes áreas, informando a los gerentes de cada departamento cual es la finalidad de certificar a sus operadores y de que constan los 2 exámenes, se evaluaran 2 personas de cada departamento para analizar y ordenar secuencialmente cada uno de los exámenes, para que de esta manera podamos observar cuales son los pasos que omiten y no realizan. Otros factores clave para la realización de este proyecto serán la cordialidad, comunicación e información que se transmitirá al operador evaluado, ya que a veces piensan que esta evaluación les afectará en su trayectoria laboral, lo cual es totalmente contrario, se le deberá explicar que esta evaluación es para reforzar las áreas donde presente menor dominio del tema y menor especialización para poder llevarlo a un nivel "U" y de esta manera poderlos certificar como especialistas en su trabajo.

Con respecto a los exámenes de certificación ILUO se harán solo unas pequeñas modificaciones, ya que hay algunas operaciones o actividades que los operadores no realizan, pero sin embargo vienen dentro de las especificaciones del manual CONTENT MANAGEMENT, para esto se hará un replanteamiento del examen en colaboración de los diferentes gerentes de área, los cuales nos apoyaran para corroborar que pasos si se deben realizar y que pasos no son correspondientes a su función, también se reordenaran ya que en el transcurso de las primeras evaluaciones se detectó que no hay una secuencia lógica con respecto al orden y procedimiento del examen aplicado, por lo tanto genera alguna confusión al evaluado, y esto genera que el operador evaluado omita pasos que posiblemente si conozca. Así mismo se realiza un nuevo examen para el puesto de colorante ya que no está bien estructurado.

Se considera la metodología de Gestión del Conocimiento (Knowledge Management), como una herramienta que optimiza el desarrollo del personal y su capacitación se potencializa.

9.2 Certificación ILUO

Existen diferentes definiciones básicas que debemos de conocer, para adentrarnos y entender más acerca de lo que se trata la Certificación ILUO, las cuales van desde los antecedentes hasta las actualizaciones más recientes que existen hoy en día, como lo son el content management y la evolución del concepto de los niveles ILUO. Para comprender a que se refiere la certificación ILUO es necesario explicar algunos conceptos claves, los cuales nos harán entender como fue la evolución para alcanzar los diferentes niveles que existen en esta certificación, así mismo se mencionarán los significados de los diferentes departamentos que existen en toda la planta de Tepexpan, los cuales están directamente involucrados con la certificación ILUO, ya que dentro de estos diferentes departamentos están los diferentes puestos críticos que interactúan para la fabricación de la gran gama de productos que ofrece Comex.

9.2.1. Definiciones básicas del proyecto

Ampliador de tintas y pegamentos. Es la persona que se encarga de diferentes procesos, en donde su principal función es preparar la fórmula para la fabricación de una pintura, tomar medida de Viscosidad y PH de una pintura o pegamento dependiendo del producto requerido, bombear la emulsión, el slurry y sacar la cubicación de un tanque cuando este sea requerido.

Envasador de Pintura. Es la persona que controla y calibra las máquinas de envasado y llenado de pintura, en donde su principal función es programar la cantidad de pintura necesaria ya sea base agua o base solvente, para los diferentes tamaños de bote, así como realizar el etiquetado de los botes una vez completo su llenado y sellado.

Igualador. Es la persona que se encarga de realizar una comparación de color, para que de esta manera el color sea completamente similar y no tenga variación de tono, así mismo realiza la preparación de una pintura a "escala" con los elementos necesarios para que la pintura quede del color específico que se necesita, una vez terminado el proceso lo lleva al taller de calidad y microbiología, donde corroboran que el matiz es correcto y se procede a prepararlo en los reactores para producir la pintura en grandes cantidades.

Operador de montacargas. Es la persona que conduce un aparato mecánico ya sea montacargas o patín eléctrico, para el abastecimiento y trasporte de materiales como, por ejemplo, polvos químicos, materia prima, líquidos, ollas vacías para que le den el mantenimiento, tarimas, etc.

Colorante. Es la persona que se encarga de verificar la partida (materiales y productos para la fabricación de una pintura), así mismo hace el cierre de partida.

Oracle. Es una base de datos de características completas para pequeñas y medianas empresas que requieren el desempeño, la disponibilidad y la seguridad de la base de datos #1 del mundo a un bajo costo. Disponible en un solo servidor o en servidores en cluster con hasta cuatro procesadores, opción segura para desarrollar e implementar de manera económica aplicaciones de la base de datos.

Operador de bombas. Es la persona que se encarga de recibir, abastecer, surtir, y rechazar un material, también conoce e identifica las diferentes bombas que existen, conoce los diferentes colores de las mangueras para el bombeo de los solventes, y así mismo conoce los diferentes tipos de derrames que pueden suceder mediante el bombeo de material.

Soldador. Es la persona que se encarga de soldar las piezas, que necesiten reparar y unir a un determinado objeto, en este caso puede ser una pieza, alguna pata de mini calderas, debe de conocer a que distancia debe de trabajar cuando existen materiales o sustancias que puedan hacer reacción con una chispa, así mismo debe de saber identificar si el material es aprobado o es un material no conforme.

Operador de caldera. Es la persona que se encarga de Apagar el quemador, cerrar la válvula de salida del quemador, dejar enfriar la caldera, y sabe tomar las medidas correspondientes para la detención de una caldera, así mismo debe de saber cómo realizar una prueba hidrostática.

Operador de centrifuga. El operador identifica los distintos tipos de centrifugas a operar y el tiempo estimado de arranque de cada una, realiza la alimentación de tambor con el producto, hasta que el producto se derrame por el tubo de drenaje, e inmediatamente pone en marcha la centrifuga, conoce cuál es el paro de emergencia, conoce como es el lavado de centrifuga, y con ayuda de un manómetro calibra la presión a .8 bar (presión normal).

Pesador. Es la persona que pesa cantidades exactas, mediante el programa de producción con el número de partidas o vale de requisición, surte material de embalaje en cantidad exacta, recibe la requisición de materiales, revisa cantidad solicitada, código y descripción. Busca material de embalaje, lo cuenta y lo estiba, realiza entrega material de embalaje y realiza anotación de la requisición de materiales, así mismo rechaza, recibe, identifica y surte material.

Operador de Reactor. Es la persona que carga el reactor, realiza la operación de agitación de producto, calienta por medio de aceite térmico o vapor, realiza la dosificación, realiza limpieza de tanques y líneas de dosificación, realiza enfriamiento del reactor mediante la utilización de agua, realiza reflujo/extracción y descarga el reactor, este operador conoce como sanitizar un reactor utilizando la solución vantocil, y sabe cómo ingresar los materiales requeridos para la fabricación de una pintura.

9.3 Proceso de KM (Knowledge Management)

Proceso de KM (Knowledge Management): Es una estrategia encaminada al aprovechamiento del conocimiento explícito de una organización (ver fig. 9.1):

A) Identificando sus fuentes y recorrido, así como las necesidades de acceso de uno mismo.

B) Formalizando su contenido para poder reutilizarlo.

C) Fomentando su transmisión entre los miembros de la organización.

D) Interiorizando

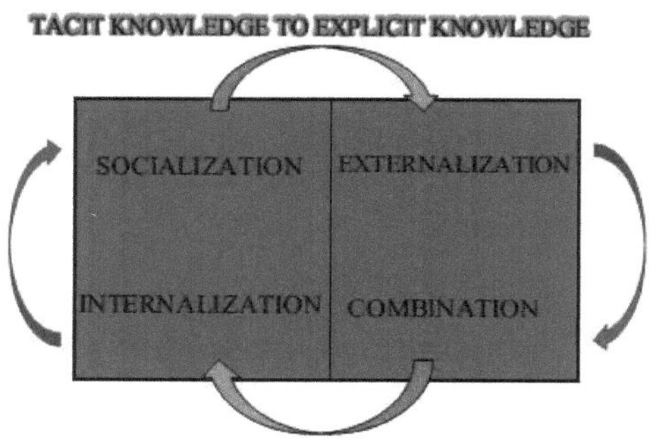

Fig. 9.1. Modos de creación del conocimiento [2]

9.4 Departamentos que intervienen en el proceso del (KM) knowledge Management

Decorativo. Es el departamento en donde se realizan los procesos para la fabricación de pintura a base agua y donde se realizan los procesos para la fabricación del pegamento, también se le llama así por sus tonos peculiares de pintura los cuales presentan una belleza exquisita en los tonos decorados, para cualquier oficina, departamento, casa, local, etc.

Aerosoles. Es el departamento en donde se realizan todos los procesos para la Fabricación de las pinturas en aerosol, este tipo de pintura lleva procesos diferentes a los demás tipos de pintura, ya que se inyectan bajo presión en botes de aluminio, cada bote de aluminio dependiendo del tamaño lleva una presión específica para su llenado.

Almacén de materia prima. Es el Área en donde se almacena toda la materia prima y los materiales que se necesitan para la fabricación de todos los tipos de pintura, a excepción de los materiales volátiles, o alta mente tóxicos y flamables.

Almacén de materiales especiales. Es el Área en donde se guardan y se abastecen los materiales altamente volátiles, y sustancias químicas que necesitan de condiciones específicas, para ser guardadas.

Almacén de producto terminado. Es el Área en donde se guarda la pintura en todas sus presentaciones, desde diferentes tamaños de bote, hasta diferentes tipos de producto.

Automotivo. Es el departamento en donde se fabrica la pintura base solvente, se utilizan elementos y materiales que llevan tratados y controles más estrictos, ya que por trabajar con solventes, a veces los materiales pueden causar reacciones químicas.

Taller de Mantenimiento. Es el Área en donde se reparan los motores, válvulas, llaves, conexiones, boquillas, mangueras, hidro lavadoras, y todo aquel material que se tenga que reparar o proporcionarle mantenimiento.

Resinas. Es el departamento se fabrican las emulsiones para la pintura base solvente y agua.

Solventes. Es el departamento donde se encargan de producir y fabricar los solventes, por lo general se produce el thiner, este se lanza al mercado en diferentes presentaciones y tamaños, en este departamento la seguridad es muy estricta ya que, por tratarse de una sustancia volátil, existen parámetros de control y equipo de protección personal especial.

9.5 Certificación de puestos críticos en la producción

9.5.1. Modelo de gestión del conocimiento

Para la certificación de los puestos críticos en la producción, se dio continuidad a los exámenes previos realizados de la certificación ILUO, sin embargo se detectaron algunas áreas de oportunidad en donde se realizaron algunas modificaciones para dar más énfasis a la certificación, de manera que los nuevos exámenes aplicados estuvieran lo más completos posible. Esto fue factible gracias a la técnica aplicada “Modelo de gestión del conocimiento” (GC) del Autor: Nonaka & Takeuchi KSM (1995). La cual trascribe que la mayoría de las empresas y compañías grandes son creativas e innovadoras a la hora de implementar un sistema de GC, de tal manera que se puede generar una filosofía del conocimiento, y así buscar una mejora al transferir el conocimiento desde el lugar que esta, hasta el lugar donde se va a emplear, esta información se puede retroalimentar continuamente, una vez siendo administrada correctamente se hace un descubrimiento valioso, este descubrimiento es un hallazgo muy importante aunque no tenga relación con lo que uno busca sin embargo, una vez encontrado se pueden tomar diferentes enfoques con la nueva información encontrada, de tal manera que Nonaka plantea la integración de estos dos enfoques, “Conocimiento y conocedor a través de la interiorización” [2], ver Fig. 9.2.

El proceso de creación del conocimiento por lo general siempre comienza de manera particular y con forme un individuo se las ingenia para resolver un problema, incluso a veces suele ocurrir de manera inesperada o no planeada, el proceso de esta creación consiste en extender el conocimiento organizacional creado individualmente y se concreta como parte de la red de conocimiento de la organización.

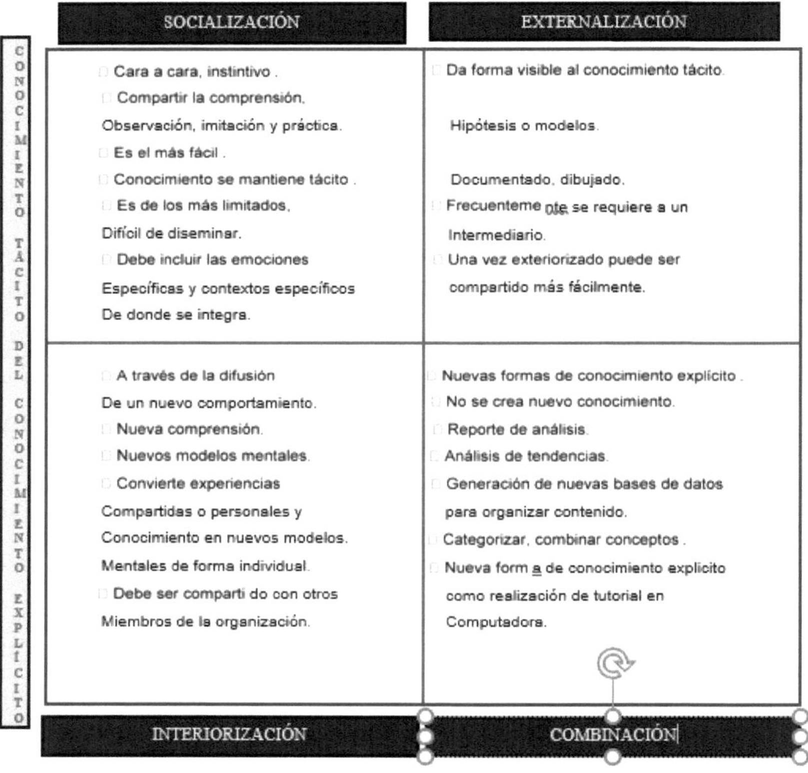

Fig. 9.2. Aplicación del proceso de creación del conocimiento en planta, de acuerdo a modelo de Ikugiro Nonaka. Diseño Propio.

9.5.2 Importancia del espiral del conocimiento

El espiral del conocimiento va tomado de la mano con la técnica del KM ya que el espiral deriva de los principios fundamentales de este ciclo, de tal manera que al realizar una representación de un conocimiento que comienza por lo particular y se va extendiendo hasta alcanzar un nuevo nivel de conocimiento el cual puede ser puede agrandar a nivel corporación, es factible imaginarse un espiral con forma de pirámide, que va aumentando el radio conforme más grande sea el espiral. [3]

9.5.3. Aplicación del modelo de gestión del conocimiento

Los exámenes fueron diseñados a partir de la información proporcionada por la empresa portal “Content Management”. El Content Management es un portal de información donde se encuentra toda la infomación referente a la estandarización de los procesos, en este portal de información se encuentran las operaciones que deben realizar y conocer, los softwares que deben manipular, y las herramientas que cada uno de los puestos críticos debe dominar para la elaboración de todos los productos, esta información está regida bajo una norma la cual garantiza que los procedimientos están certificados.

9.5.4. Aplicación de la técnica del modelo de Gestión del conocimiento

Una vez comenzando aplicar los primeros exámenes para la primer área (Decorativo) se comenzó aplicar la técnica del modelo de Gestión del Conocimiento, durante las primeras evaluaciones se encontró un área de oportunidad para la modificación del examen, ya que había cosas que como encargados de un puesto crítico no aplicaba según sus funciones, y viceversa algunas operaciones que realizaban eran omitidas incluso por el portal del content management, así que se encabezó la aplicación de la técnica del modelo GC comenzando por el ciclo de la “Socialización” en donde personalmente se realizaba la evaluación del examen práctico, y conforme avanzaba la evaluación se compartía la comprensión de los temas en conjunto. Al principio era un poco difícil de diseminar el conocimiento ya que era muy limitada la información, así mismo los operadores se notaban nerviosos por lo cual no se prolongaban en su explicación, posteriormente se dio hincapié a la explicación y habilidades del operador, en donde se visualizaron las operaciones, habilidades y conocimientos que los operadores desconocían, algunas eran por falta de conocimiento o capacitación pero que si estaban establecidas en su función, ya que por lo general lo desconocían ya que a veces son intercalados en los diferentes puestos de sus áreas, y algunas otras eran porque simplemente no aplicaban en sus procedimientos.

Una vez detectados estos factores que disminuían la efectividad de las evaluaciones y la eficiencia deseada se dio comienzo al segundo paso del modelo GC, por lo tanto se dio paso a seleccionar al operador con mayor conocimiento, habilidades, y experiencia, claro sin descartar los conocimientos de cada operador que hacían más eficiente la retroalimentación, para aplicar el proceso de “Exteriorización” en donde los operadores nos compartieron su conocimiento y habilidades durante su evaluación, toda esta información recolectada se pasó en un nuevo formato en donde se documentó y se escribió las operaciones que en ellos no aplicaban como operadores de un determinado puesto crítico, así como las operaciones que ellos realizaban pero en el examen no estaban establecidas, de tal manera que una vez compartida toda esta importante información se pudo modificar el examen, de manera que la información compartida por cada operador era más enriquecedora, ya que ellos podían transmitir su conocimiento fácilmente al ser evaluados, por que eran operaciones que ellos manejaban día con día y de esta manera también se pudo visualizar más fácilmente cuales eran las operaciones donde presentaban mayor escases de conocimiento.

Una vez aplicados los primeros 2 pasos del modelo GC y notando el gran avance y mayor porcentaje de efectividad se continuó con el ciclo del modelo GC dando comienzo al paso de la "Combinación" en donde se desarrollaron nuevas formas del conocimiento explicito, en este paso no fue posible generar nuevo conocimiento ya que solo se realizó un análisis de cuáles eran las posibles mejoras para cada uno de los exámenes, de tal manera que la aplicación tenga mayor soporte y mayor porcentaje de efectividad para que los operadores alcanzaran una calificación aceptable, por lo tanto se eligió crear un examen con las modificaciones necesarias de cada puesto, para evaluar las acciones que deben manejar y conocer en base a sus procesos, el nuevo examen era un poco más extenso sin embargo era más aceptable por los operadores ya que la gran mayoría de las operaciones si las conocía. De esta manera fue posible aplicar las evaluaciones para el segundo y tercer turno de manera más completa.

Por último se aplicó el cuarto paso del modelo GC "Interiorización," ver fig. 9.3. . En este proceso se integro un nuevo comportamiento de los trabajadores evaluados, ya que no se presentaban tan nerviosos como al inicio, incluso la comprensión de los temas era efectiva que los mismos operadores comenzaron a mostrar físicamente como realizaban sus procesos, claro sin alterar las funciones o procesos (a escala), por lo tanto mi trabajo como evaluador generó un nuevo panorama en el cual compartieron las experiencias compartidas y personales en conocimiento retroalimentado para el asesor industrial, para los operadores e individualmente fortaleciendo mayormente mis habilidades como futuro Ingeniero Industrial, una vez generando el 4 paso del modelo GC, el conocimiento que cada uno de los operadores generó se podrá utilizar como la transmisión de sus conocimientos y habilidades de manera mas completa para los operadores eventuales que tengan oportunidad de ser trabajadores de planta (No eventuales) y posteriormente subir de categoría, formulando de esta manera el "Espiral del conocimiento" (Fig. 9.4.).

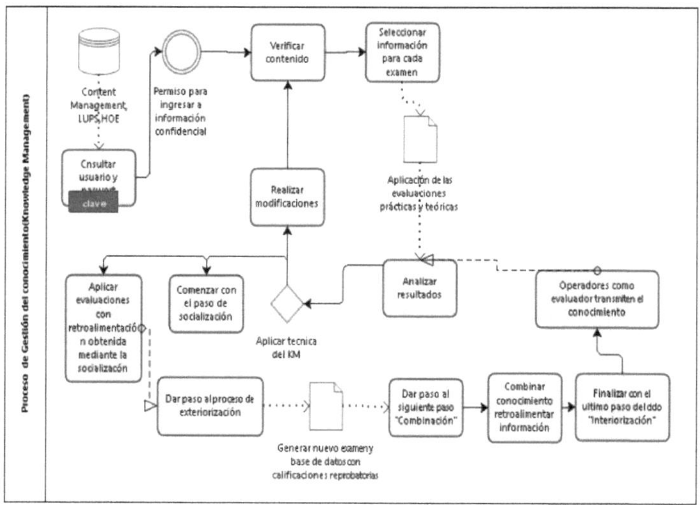

Fig. 9.3. Mapeo del Proceso de certificación ILUO en conjunto con la técnica KM.

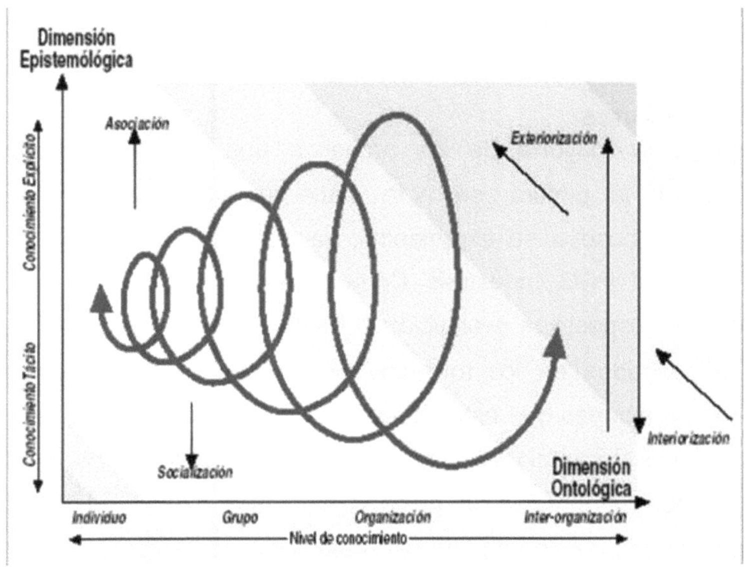

Fig. 9.4. Espiral del conocimiento. Fuente:[4]

9.5.7. Descripción de la modificación para los exámenes aplicados posteriormente

Se modificará la parte del sistema Oracle, ya que no aplican los mismos pasos para cada puesto, ya que en base a su partida tienen que llenar sus pasos correspondientes, cada uno de los operadores cuenta con sus procesos específicos, lo único que aplica parejo es, entrar al sistema, verificar partida, realizar ajuste, descarga de materiales, y consultar especificaciones, lo demas dependerá del puesto, como por ejemplo agregar las emulsiones, las camas de barniz, realizar el ampliado y el igualado para cada pintura.

9.6 Conclusiones

Se aprendió la mayoría de los procesos que se necesitan para la fabricación de la pintura, se notó que algunos operadores sabían demasiado en base a su experiencia, ya que tienen demasiados años trabajando para PPG Industries Comex, sin embargo al momento de aplicarles sus respectivos evaluaciones habían cosas no establecidas, por no ser encontrados en los formatos estandarizados por la empresa y viceversa operaciones que estaban establecidas pero que no aplicaban de acuerdo a sus operaciones de su respectivo puesto crítico, lo cual propiciaba que se situaran demasiado nerviosos o confundidos, lo cual hacía que la comprensión de las preguntas y su respuesta no fuera la más asertiva, posteriormente con el modelo del Knowledge Management, fue posible incrementar la efectividad de las evaluaciones, ya que la interrelación con el personal es muy efectiva, siempre y cuando haya buena comunicación y apoyo por parte del evaluador y el trabajador. Todos los procesos realizados para la fabricación de cualquier producto dentro de la empresa eran sumamente interesantes ya que pude notar como en conjunto se debe de seguir una secuencia para entregar la demanda de productos establecida.

Cuando se comenzó a realizar las primeras evaluaciones aplicando el ciclo del KM se notó la eficiencia de inmediato, y la verdad fue tanta esa mejora que al seguir con las evaluaciones los trabajadores explicaban de manera más concreta en la explicación de sus operaciones, es interesante ver como de un conocimiento particular se puede generar un conocimiento muy extenso y plasmarlo en una evaluación para incrementar la efectividad en los procesos, de tal manera que al aplicar esta técnica en conjunto con la certificación ILUO garantizamos que todos los operadores que alcanzaron el nivel U son especialistas en el área que desempeñan, por lo tanto ellos serán capaces de instruir y propagar la información obtenida durante este proceso de tal forma que ahora los operadores propagarán su conocimiento a los operadores eventuales y el conocimiento que comenzó particular se pueda extender a nivel corporación.

Así mismo pude decir que la empresa PPG Comex trabaja con los mayores índices de calidad lo cual garantiza que sus productos son de excelente eficacia.

PPG Comex, es una empresa que está comprometida con el bien estar de los trabajadores, como el crecimiento de su mercado, a través de la mejora continua, actualmente están posicionados como el numero 1 a nivel mundial en cuanto al producto utilizado para arquitectura. Se agradece a la empresa profundamente la oportunidad tan enriquecedora de aumentar los conocimientos y aptitudes con este gran proyecto.

9.7 Referencias

[1] Comex, P. (2016). Manual de informe.

[2] Ikujiro Nonaka. Dynamic theory of organizational knowledge creation, Organization Science Vol 5, No. 1 Febrary 1994. Pp 14-37

[3] Dalia Baca, H. G. (s.f.). Conocimiento Explicito. Obtenido de file:///C:/Users/tsuAn/Documents/conocimiento%20explicito%20(KM).pdf

[4] Elissondo, L. (s.f.). Sideplayer. Obtenido de http://slideplayer.es/slide/10549734/ Nonaka, T. (1995). Proceso de creación del conocimiento.

CAPÍTULO 10. DESARROLLO DE UN SISTEMA INTEGRAL PARA LA GENERACIÓN AUTOMÁTICA DE PLANES DE ENSAMBLE UTILIZANDO TÉCNICAS DE REALIDAD VIRTUAL Y SISTEMAS HÁPTICOS

Enrique Gallegos Nieto, Universidad Tecnológica Metropolitana de San Luis Potosí, San Luis Potosí, S.L.P., México, 78000. Email: ptc_sa_pi@utmslp.edu.mx*

Hugo Iván Medellín Castillo, Universidad Autónoma de San Luis Potosí, San Luis Potosí, S.L.P., México, 78000.

10.1 Introducción

Con el desarrollo rápido de la manufactura y las tecnologías computacionales, los productos industriales son cada vez más complejos, por lo que la importancia de las tecnologías de fabricación, en particular el ensamble de componentes ha ido en aumento. Para mantenerse a la vanguardia, los fabricantes de productos deben aprovechar todas las oportunidades para aumentar la productividad y el rendimiento en la fabricación, aumentar la calidad y confiabilidad del producto, reducir al máximo los costos, y absorber los cambios constantes del mercado. El ensamble es considerado como una etapa muy importante en el ciclo de vida de un producto, esto debido al impacto que tiene en el diseño, fabricación, mantenimiento y reciclaje del producto, así como en el costo del producto, Fig. 10.1. Además, la demanda de servicio de productos, re-fabricación y reciclaje ha forzado a las compañías a tomar en cuenta la facilidad de ensamble y desensamble del producto durante su etapa de diseño.

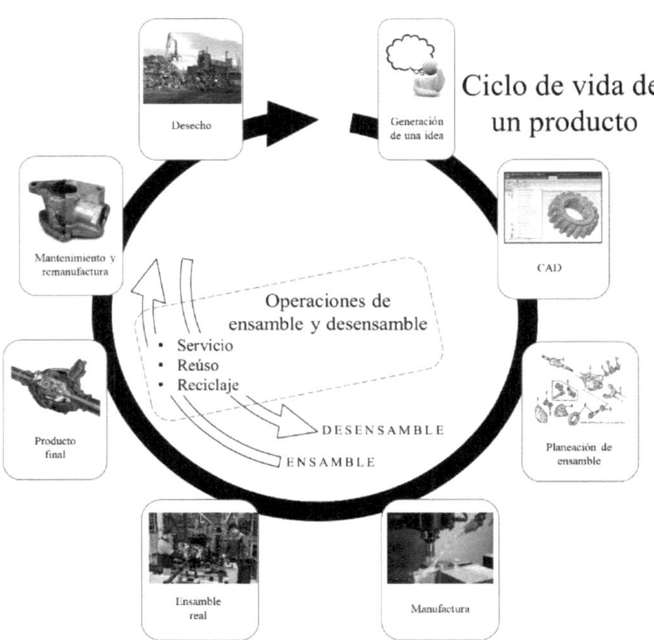

Fig. 10.1 Ciclo de vida de un producto.

Típicamente la mano de obra involucrada en la producción de las operaciones individuales de componentes tales como el corte de metal, formado, maquinado, moldeado de plástico, y acabado, representan entre el 8% y el 30% de los costos totales del producto. La mano de obra necesaria en la inspección y pruebas normalmente representa entre el 4% y el 15% de los costos totales del producto. Mientras que la mano de obra involucrada en el ensamble representa hasta el 50% y el 75% de los costos totales de producción. De esta manera es evidente que los mayores ahorros de costo de fabricación se pueden lograr en el proceso de ensamble [1]. Una buena planeación de ensamble puede incrementar la eficiencia y la calidad del producto [8, tesis], así como disminuir el costo y tiempo del proceso total de manufactura del producto, Fig. 10.2.

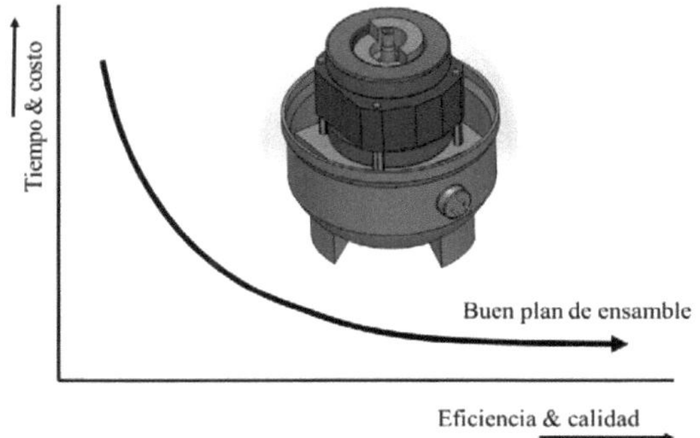

Fig. 10.2 Efecto de la planeación del ensamble en el proceso de fabricación.

Los sistemas tradicionales de diseño asistido por computadora (CAD) y planeación de ensambles asistido por computadora (CAPP) aún están limitados ya que no toman en cuenta la experiencia humana y el conocimiento adquirido para hacer de una manera más intuitiva la planeación de ensambles. Además, algunos aspectos como pruebas de calidad, layout del área de trabajo, ergonomía y limitaciones o restricciones físicas que el usuario experimenta en el mundo real, tales como colisión e interferencia entre objetos, no son considerados durante la evaluación del ensamble en los sistemas CAD y CAPP [2]. Recientemente se ha propuesto el uso de los sistemas de realidad virtual (RV) para simular, analizar y optimizar procesos de manufactura incluyendo los procesos de ensamble. Algunas de las ventajas de los sistemas de RV sobre los sistemas CAD es la mejora en la visualización 3D y la manipulación de la cámara, lo cual permite una navegación más intuitiva en el ambiente virtual. Los sistemas de RV representan una herramienta poderosa para el entrenamiento humano en el desempeño de tareas que de otra manera serian costosas o peligrosas de ser duplicadas en el mundo real.

En los últimos años las tecnologías de ensamble virtual se han incrementado. La evaluación del proceso de ensamble en un entorno virtual durante las primeras etapas de diseño no sólo aumenta el impacto en los cambios de diseño en el producto final, sino que también reduce el tiempo, el costo y el material asociado con la construcción de prototipos físicos [3]. Además, con el surgimiento reciente de los sistemas hápticos, se ha logrado incorporar el sentido del tacto y retroalimentación de fuerza en los entornos virtuales. De esta manera, las tecnologías hápticas pueden mejorar los sistemas de realidad virtual, en particular los sistemas de ensamble virtual, resultando en un ambiente más intuitivo y natural para simular el proceso de ensamble durante la fase de diseño, incluso antes de crear cualquier prototipo físico. Por lo anterior, la integración de la realidad virtual y los sistemas hápticos han sido adoptados para simular las tareas de ensamble en las etapas de diseño, planificación, y entrenamiento.

En este capítulo se investiga la generación automática de planes de ensamble a partir del uso de un sistema de ensamble virtual-háptico capaz de simular el comportamiento físico de los objetos virtuales, donde el usuario puede realizar el ensamble de un componente de una manera libre y con retroalimentación háptica. Para ello se utiliza el sistema HAMS [4], el cual registra toda la interacción del usuario con los objetos durante la realización del ensamble virtual. Posteriormente se analiza la información y datos obtenidos del ensamble virtual para identificar las operaciones de ensamble tales como secuencias, tiempos, posiciones, distancias, etc. Finalmente se genera el plan de ensamble para su uso en el proceso de ensamble real.

10.2. Trabajos relacionados

Recientemente, la investigación en entornos virtuales se ha centrado en la simulación de las tareas de manipulación tridimensional, que incluyen el diseño mecánico, la planificación y la evaluación de ensambles. Los procedimientos clásicos de análisis de ensambles como los CAD y CAAP, han sido los más analizados. Sin embargo, los sistemas CAD y CAAP son métodos con baja eficiencia y viabilidad en cuanto a simulación, análisis y evaluación de ensamble se refiere, esto debido a problemas como [5]:

- El número de piezas incrementa exponencialmente el tiempo de cómputo durante la búsqueda de la secuencia óptima.
- La práctica de los procesos de ensamble conlleva una amplia experiencia y conocimiento, los cuales por lo general no se pueden modelar ni expresar en dichos algoritmos.

Se han desarrollado diversas plataformas de ensambles virtuales que permiten al usuario interactuar con modelos tridimensionales con el mismo número de grados de libertad que los objetos reales. Germánico et al. [4]

presentaron una breve descripción de las principales características de las plataformas existentes, identificando cuatro aplicaciones principales de dichas plataformas: 1) planeación y optimización de trayectorias y secuencias de ensamble, 2) análisis de diseño basado en el ensamble, 3) evaluación, planeación y análisis de tareas de mantenimiento, y 4) entrenamiento en procesos de ensamble. Cabe mencionar que dichas plataformas se han desarrollado utilizando diferentes técnicas de análisis y programación. Por otro lado, Ritchie et al. [6] presentaron el sistema HAMMS (Haptic Assembly, Manufacturing and Machining System) para la planeación de ensambles asistido por dispositivos hápticos. El sistema HAMMS permite al usuario realizar ensambles mediante el sentido del tacto y la cinestesia, además registra todos los movimientos del usuario mientras lleva a cabo el ensamble. Los datos registrados son graficados como un perfil dependiente del tiempo describiendo el movimiento junto con la orientación, posición y velocidad mediante el estudio de tiempos y movimientos de Gilberth. Mediante una propuesta similar, Lim et al. [7] propusieron el sistema VARP (Virtual Assembly Rapid Prototyping), el cuál es la integración de diferentes plataformas de simulación para procesos de ingenierías (HAMMS, COSTAR y RPBloX). El Sistema VARP permite al usuario descomponer de manera interactiva el modelo, evaluar y realizar cambios en el diseño, analizar la tarea de ensamble, y producir planes de manufactura y ensamble. Como primer paso, el usuario es capaz de observar el modelo en un ambiente virtual y descomponerlo en elementos más pequeños para su fabricación en sistemas de prototipado rápido o maquinado CNC. Estos elementos pueden ser analizados mediante la herramienta DFRP (diseño para prototipos rápidos), la cual analiza cada una de las geometrías en busca de posibles problemas de manufactura. Una vez realizado el análisis, las piezas pueden ser hechas una por una para su posterior ensamble manual o robótico.

Por su parte, Benjamin et al. [8] presentaron un método para la selección automática de herramientas en un entorno de ensamble y desensamble. En este método las diferentes herramientas son declaradas por el usuario antes de construir el modelo, se utiliza una gráfica de grupos para representar el producto, posteriormente se convierte en un modelo de programación dinámica que consiste en tomar decisiones en secuencia. Por último, la selección de la herramienta óptima se realiza automáticamente de acuerdo con el modelo de programación dinámica.

Muchos estudios se han llevado a cabo para diferentes aspectos de los procesos de ensamble, tales como metodologías de diseño, análisis de ensambles y evaluación, planeación de secuencias de ensamble y simulación computacional de ensambles. Su y Smith [9] presentaron un marco integrado para el diseño de ensambles y su optimización, el cual integra la planeación de procesos de ensamble y la simulación. Su sistema incorpora diseños de productos asistidos por computadora para ensamble y desensamble. El usuario importa un modelo CAD y el sistema evalúa el modelo y ofrece sugerencias de diseño y también genera secuencias óptimas de ensamble. Barnes et al. [10] desarrollaron un sistema interactivo asistido por computadora para la planeación de ensambles. Para ello utilizaron un sistema basado en el conocimiento para proporcionar apoyo a la definición del ensamble, generación de la secuencia y aplicación de restricciones en un ambiente interactivo. El software ayuda al usuario para la construcción de la secuencia de ensamble con un enfoque basado en restricciones para confirmar la secuencia de ensamble. Cabe mencionar que los trabajos de investigación reportados en la literatura se enfocan en el análisis de los procesos de ensambles de una manera abstracta, es decir, sin la interacción y comportamiento físico de los objetos tridimensionales. Lo anterior resulta en sistemas que no son prácticos ya que omiten muchas consideraciones y restricciones del ensamble real, por ejemplo, la accesibilidad e interferencia geométrica, generando en muchos de los casos resultados no factibles para la operación real de ensamble.

10.3 Sistema HAMS

El sistema HAMS (Haptic Assembly and Manufacturing System) está siendo desarrollado como una plataforma computacional para llevar a cabo tareas de planeación, evaluación, simulación y entrenamiento de tareas de ensamble virtual con asistencia de dispositivos hápticos, así como el análisis y evaluación de ensambles manual-robótico, y líneas de producción [4]. La Fig. 10.3 muestra la arquitectura del sistema HAMS, el cual consta de seis módulos principales:

1. *Módulo de entrada*: Responsable de importar y cargar los modelos virtuales dentro del sistema HAMS en cualquiera de los tres formatos *.stl, *.obj, y *.vtk. La función principal de este módulo es abrir e importar los archivos que contienen la descripción del modelo a cargar. Adicionalmente otras variables o parámetros referentes al modelo virtual,

como el material y tipo de representación, también pueden ser asignadas al momento de importar el objeto.

2. *Módulo gráfico*: Encargado del renderizado gráfico, el cual incluye la creación y representación gráfica de la escena virtual y de los modelos tridimensionales, la visualización de trayectorias de ensamble, la visualización de información en forma de texto, así como la creación y visualización de botones virtuales llamados widgets para modificar parámetros de la simulación. Para este módulo, el sistema HAMS utiliza las librerías de código abierto "Visualization Toolkit (VTK) v5.10" [11], cuyo principal objetivo es la visualización de volúmenes y elementos 3D. VTK permite la creación y visualización de modelos primitivos como esferas, cilindros, cubos y conos, además de la visualización de modelos de forma arbitraria y compleja, representados por mallas triangulares.

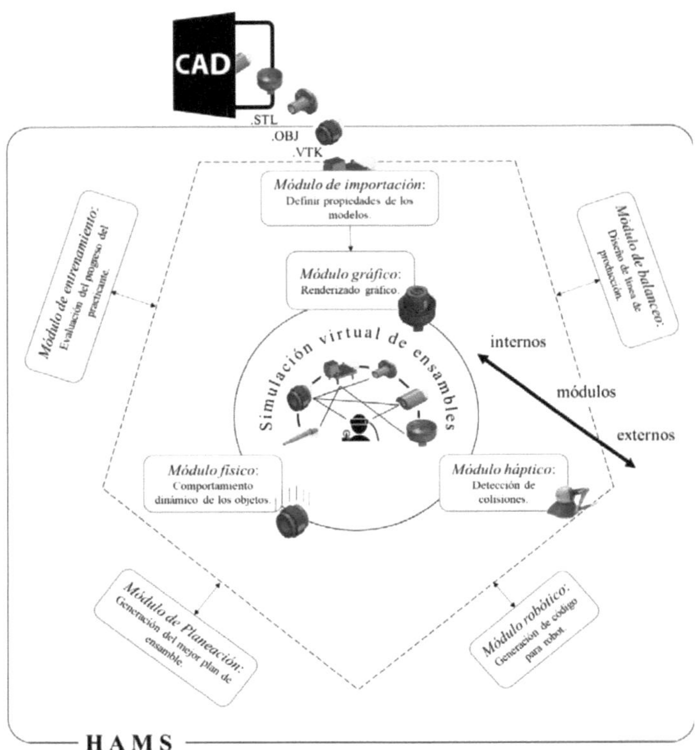

Fig. 10.3 Arquitectura del sistema HAMS.

3. *Módulo físico*: Responsable del comportamiento físico de los objetos virtuales, dándoles un movimiento dinámico realista, además de detección y respuesta a colisiones. En HAMS se utilizan tres simuladores de física: Bullet physics v2.81 [12], PhysX SDK v2.8 [13] y PhysX SDK v.3.1 [13]. Estos simuladores emplean la solución de ecuaciones de la mecánica Newtoniana para resolver el movimiento de los cuerpos rígidos, cuerpos flexibles y juntas cinemáticas. El sistema HAMS permite

la selección del simulador físico durante la simulación virtual del ensamble, esto con el fin de seleccionar el simulador que mejor se adapte a las condiciones particulares del ensamble.

4. *Módulo háptico*: Encargado de calcular y proveer la fuerza de retroalimentación al usuario, proveyendo el sentido del tacto y cinestesia para el reconocimiento y manipulación de los objetos virtuales. En este módulo se utilizan las librerías HLAPI de OpenHaptic v3.0 [14], las cuales son las librerías estándar para la programación de dispositivos hápticos tipo Phantom (Geomatic Touch) [14]. El sentido de tacto se crea por medio de detección de colisiones entre el curso háptico y el objeto virtual. Adicionalmente el sistema HAMS permite la manipulación de objetos utilizando un dispositivo háptico en cada mano.
5. *Módulo de planeación*: El módulo de planeación se divide en dos fases, la primera se encarga de la generación de los planes de ensamble y la segunda lleva a cabo la evaluación de los planes de ensamble generados en la primera fase. Durante la primera fase se realiza un registro de todas las operaciones y movimientos que el planeador ha realizado durante la ejecución de la tarea de ensamble virtual, tales como tiempo, distancias, posición, orientación, energía, etc. Una vez completado el ensamble virtual por el planeador, se generan tres archivos que contienen la representación del plan de ensamble, las instrucciones del plan de ensamble, y la visualización del plan de ensamble (video). Cabe mencionar que la generación automática del plan de ensamble es por cada tarea de ensamble virtual que se realice, es decir, se generan tres archivos por cada simulación realizada. La segunda fase se encarga de analizar y evaluar los diferentes planes de

ensamble generados para una misma tarea de ensamble, con el propósito de seleccionar el mejor plan de ensamble de acuerdo a diversos criterios según las necesidades del planeador se encarga de registrar y analizar todos los movimientos de la interacción del usuario (s) con los objetos virtuales durante tareas de ensamble, así como generar de manera automática un archivo .csv, .txt o .doc que contiene toda la información de las operaciones del ensamble, tales como: tiempos, distancias, posiciones, energía, etc.

6. *Módulo de entrenamiento*: Responsable de proveer actividades de entrenamiento virtual de ensamble y llevar un registro de las actividades realizadas por cada usuario, así como proporcionar información al supervisor sobre el progreso de cada practicante. Este módulo proporciona capacitación a través de tres modos de entrenamiento: virtual-háptico, virtual y visual. Al iniciar el entrenamiento de un nuevo usuario, se genera una carpeta que contiene un archivo llamado "nombredelusuario.csv", también contiene un video por cada sesión de entrenamiento. El archivo .csv contiene el historial completo de las sesiones de entrenamiento llevadas a cabo por el usuario. Esta información generada es de uso exclusivo del supervisor, permitiéndole evaluar el progreso del participante.

El renderizado gráfico está basado en librerías de visualización (VTK 5.10) [11]. Las librerías OpenHaptics Toolkit v3.0 [14] son usadas para el renderizado háptico. Con el fin de que los objetos virtuales tengan un comportamiento basado en física y se detecten colisiones, dos simuladores físicos han sido implementados en el módulo de simulación física: PhysX

SDK v2.8.4 [13] y Bullet physics v2.80 [12]; el usuario puede seleccionar cualquiera de ellos durante el tiempo de ejecución. La interfaz gráfica del sistema HAMS se muestra en la Fig. 10.4.

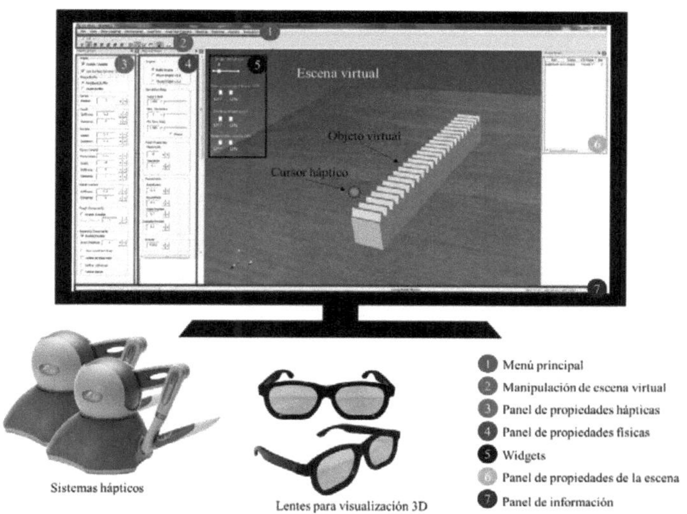

Fig. 10.4 Interfaz del sistema HAMS.

10.4 Generación del plan de ensambles

En el caso particular del módulo de planeación de ensambles en el sistema HAMS, éste comprende la simulación del ensamble virtual de manera interactiva por parte del usuario, el registro y análisis del proceso de ensamble virtual, y la generación del plan de ensamble, como se muestra en la Fig. 10.5.

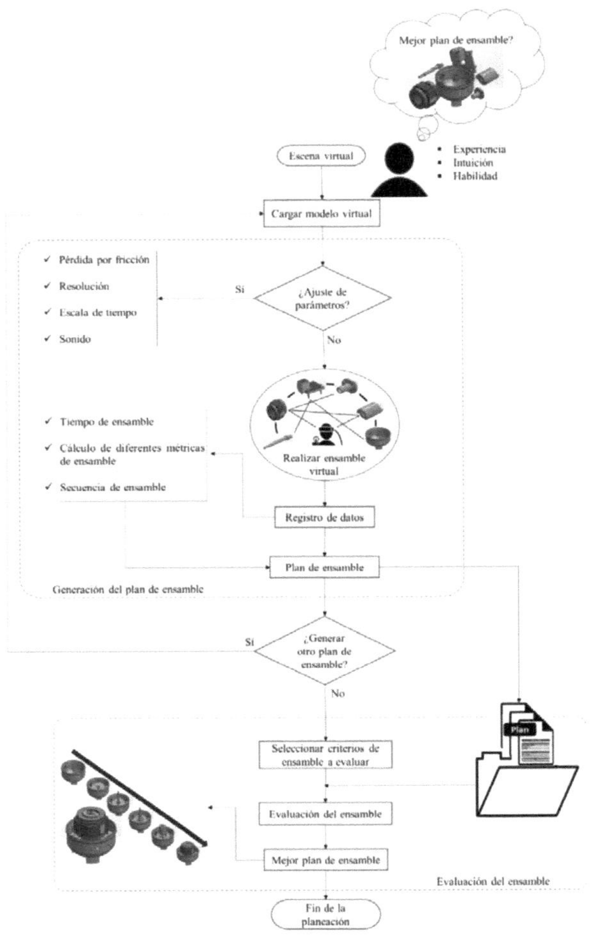

Fig. 10.5 Diagrama de flujo del módulo de planeación.

10.4.1. Cargar modelos CAD

El paso inicial en la planeación del ensamble es la importación de los modelos CAD en el sistema HAMS para simular su proceso de ensamble. Estos modelos deben corresponder a la tarea de ensamble a realizar, y deben tomar en cuenta las dimensiones y tolerancias similares a los componentes reales. En HAMS los modelos CAD pueden ser cargados utilizando archivos en formato STL, OBJ o VTK. Al cargar un modelo se le puede asignar el tipo de material - acero, plomo, madera o plástico - cada uno con sus propiedades correspondientes tal como la densidad, lo cual afecta la percepción del peso y el comportamiento dinámico del objeto virtual.

10.4.2. Simulación del ensamble

De trabajos previos [15] y [16] se explicó el funcionamiento general de HAMS como plataforma de simulación de ensambles virtuales. El proceso típico de simulación del ensamble en HAMS comprende los siguientes pasos:

1. *Cargar los modelos o tarea de ensamble:* cargar el modelo a ensamblar y asignar el tipo de material.
2. *Tomar una pieza:* seleccionar la pieza mediante el cursor háptico para su manipulación.
3. *Manipular la pieza:* mover la pieza de forma libre e interactiva dentro del entorno virtual con el mismo número de grados de libertad que los objetos reales.

4. *Colocar pieza en posición final:* llevar y colocar la pieza a su posición final tomando en cuenta la detección de colisiones, accesibilidad y estabilidad.
5. *Repetir pasos del 2 al 4 hasta completar el ensamble.*

10.4.3. Registro del ensamble virtual

La información generada durante el proceso de ensamble virtual, como por ejemplo las trayectorias de ensamble, posiciones, tiempos de manipulación, secuencia de ensamble, fuerzas, entre otros, son parte fundamental para analizar, planear, evaluar y optimizar el proceso de ensamble, así como para la generación de un plan de ensamble. Los movimientos realizados por el usuario en el ambiente virtual a través del dispositivo háptico pueden ser catalogadas en tres tipos: movimientos para reconocer la escena, movimientos para reconocer los objetos virtuales, y movimientos para manipularlos los objetos con el fin de llevar a cabo el ensamble. En el sistema HAMS estos movimientos realizados por el usuario son identificados, registrados y representados gráficamente en forma de esferas, Fig. 10.6. Las esferas son una representación gráfica de los movimientos del usuario realizados durante el ensamble virtual, y son una manera intuitiva y efectiva de observar y analizar la información del proceso de ensamble. Los diferentes colores de esferas y su significado se muestran en la Tabla 10.1.

Representación gráfica	Interpretación
● Wandering	Fase de identificación de la escena virtual
● Touching	Fase de reconocimiento del objeto virtual
● Controlling	Fase de manipulación del objeto virtual
● ● Espaciamiento entre esferas	Velocidad del movimiento de la pieza manipulada

Tabla 10.1. Representación gráfica de los movimientos del usuario.

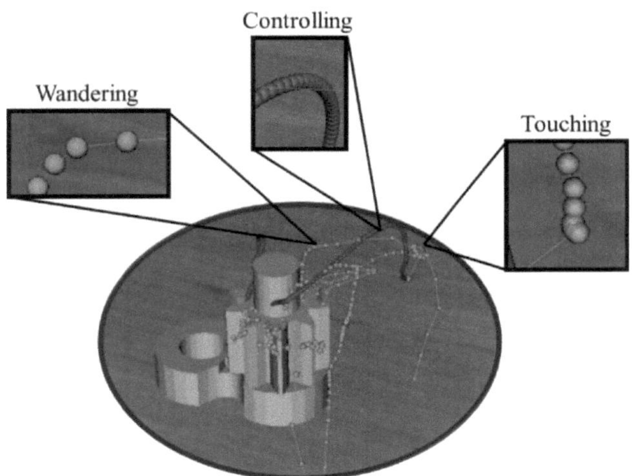

Fig. 10. 6 Visualización de la trayectoria del ensamble virtual (movimientos del usuario).

10.4.4. Análisis del proceso de ensamble virtual

Una vez registrados todos los movimientos de la interacción del usuario con los objetos virtuales, se lleva a cabo el análisis del proceso de ensamble virtual para identificar las diferentes operaciones realizadas y estimar las variables más relevantes del proceso. Las operaciones y parámetros más importantes del proceso virtual de ensamble que se analizan y determinan en el sistema HAMS se muestran en la Tabla 10.2.

Métricas de la pieza a ensamblar		**Métricas de la tarea de ensamble**	
	Descripción		**Descripción**
Part	Número de identificación de la pieza	TCT	$TCT = ETCT + NPTCT$
Name	Nombre de la pieza	ETCT	$ETCT = \sum_{i=1}^{n} EHT$
HP	Handling part: Número de veces que la pieza es manipulada durante el ensamble virtual.	NPTCT	$NPTCT = \sum_{i=1}^{n} NPHT$
EHT	Effective handling time: Tiempo desde que se toma una pieza hasta que se suelta, si la pieza es manipulada más de una vez, los tiempos de acumulan.	TAD	$TAD = EAD + NPAD$
NPHT	Non-productive handling time: Tiempo desde que se suelta una pieza hasta que se toma otra, este tiempo es asignado a la siguiente pieza.	EAD	$EAD = \sum_{i=1}^{n} EHD$
EHD	Effective handling distance:	NPAD	$NPAD = \sum_{i=1}^{n} NPHD$

	Distancia desde que se toma la pieza hasta que se suelta, distancia acumulable si se toma más de una vez.		
NPHD	Non-productive handling distance: Distancia desde que se suelta una pieza hasta que se toma la siguiente.	TAE	$TAE = \sum_{i=1}^{n} TE$
SP	Start point: Coordenadas iniciales (x, y, z) de la pieza en la escena virtual.	APE	$\eta_{APE} = \sum_{i=1}^{n} EPE \Big/ \sum_{i=1}^{n} PE$
FP	Final coordinates: Coordenadas finales (x,y,z) en la escena virtual.	TAEE	$\eta_{TAEE} = \sum_{i=1}^{n} EPE \Big/ \sum_{i=1}^{n} TE$
FO*	Final orientation: Orientación final $(\vartheta_x, \vartheta_y, \vartheta_z)$ de la pieza en la escena virtual.	WS	Espacio utilizado para llevar a cabo la tarea virtual de ensamble, representado por un prisma rectangular con dimensiones (x, y, z).
PE**	Potential energy: Energía necesaria para ensamblar una pieza $PE = mg(y_{max} - y_{min})$	AM	Manipulabilidad angular utilizada para llevar a cabo la tarea virtual de ensamble, representado por los valores angulares $(\vartheta_x, \vartheta_y, \vartheta_z)$.
EPE**	Effective potential energy: Energía efectiva para ensamblar una pieza. $EPE = mg(y_{final} - y_{initial})$	DOF	Grados de libertad utilizados para completar la tarea virtual de ensamble (3 DOF para traslación and 3 DOF para rotación).

PEE**	Potential energy efficiency: Eficiencia de la energía potencial. $\eta_{PEE} = EPE/PE$	THA	$THA = \sum_{i=1}^{n} HP$
TEE**	Total energy efficiency: Eficiencia de la energía total. $\eta_{TEE} = EPE/TE$	HE	$\eta_{HE} = number\ of\ parts/THP$
TE**	Total energy: Definido como la energía necesaria para realizer el ensamble de una pieza, es considerada la energía requerida para mover una pieza en cualquier dirección. $TE = mg[\Delta_x f_x + \Delta_y f_y + \Delta_z f_z + (\Delta_y\ if\ \Delta_y > 0)]$		
Nota: n es el número de piezas involucradas en la tarea de ensamble virtual. * La orientación final es un vector $[x, y, z]$ de rotación, el orden de rotación debe ser realizado es: RotateX, RotateY y RotateZ en rotación extrínseca. ** *m:* masa de la pieza en kg; *g*: efecto de la gravedad dentro de HAMS en m/s^2; y_{max}: altura máxima de la pieza; y_{min}: altura minima de la pieza; y_{final}: altura final de la pieza; $y_{initial}$: altura inicial de la pieza; Δ_x, Δ_y y Δ_z: incrementos en la dirección *x, y* y *z* respectivamente; f_x, f_y y f_z: factor de pérdida de fricción entre 0 y 1, propuesto por el usuario.			

Tabla 10. 2. Operaciones y parámetros del proceso que se analiza en el sistema HAMS.

10.4.5 Generación del plan de ensamble

Una vez completado el análisis e identificación de operaciones y parámetros del proceso de ensamble, se genera el plan de ensamble en forma de un archivo *.csv, *.txt o *.doc. Este plan de ensamble consta de tres partes principales:

1. *Información del trabajo*: contiene el nombre del usuario que realizó el ensamble virtual, así como la fecha y hora.

2. *Información del modelo*: contiene el número de piezas del ensamble.

3. *Información del ensamble*: contiene información sobre el proceso del ensamble virtual el cual se detalla en la sección

El plan generado contiene toda la información con relación a las operaciones de ensamble y parámetros del proceso, los cuales pueden ser utilizados en el proceso real de ensamble.

10.5. Caso de estudio utilizando el sistema hams planeación de ensambles

Para probar el sistema y metodología propuesta para la planeación del ensamble y generación del plan de ensamble en el sistema HAMS, se llevó a cabo el ensamble de un actuador lineal, Fig. 10.7. Primeramente, se diseñaron los elementos del ensamble en un sistema CAD, tomando en cuenta las dimensiones y tolerancias de los modelos reales, posteriormente se guardaron en un formato STL para poder ser cargados en HAMS. Una vez cargados los modelos en la plataforma, se realizó el ensamble virtual de manera libre e interactiva.

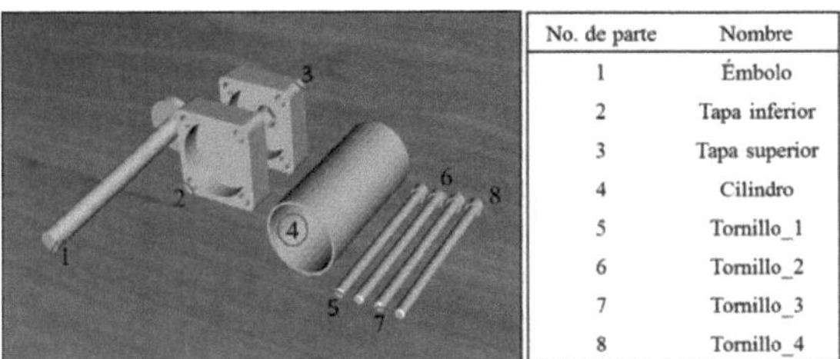

No. de parte	Nombre
1	Émbolo
2	Tapa inferior
3	Tapa superior
4	Cilindro
5	Tornillo_1
6	Tornillo_2
7	Tornillo_3
8	Tornillo_4

Fig. 10.7 Actuador lineal.

Durante este proceso de ensamble virtual, el sistema HAMS permite la visualización de las trayectorias de ensamble, las cuales se generan cuando el usuario manipula una pieza mediante el sistema háptico. La Fig. 10.8a muestra las trayectorias de ensamble para ensamblar el cilindro en su posición final. La Fig. 10.8b muestra el total de las trayectorias de ensamble necesarias para completar el ensamble del actuador lineal. Para la generación del plan de ensamble el sistema registra todos los movimientos realizados por el experto durante el proceso de ensamble virtual. La información de cada ensamble virtual realizado se registra automáticamente en tres archivos tipo *.csv, el cual contiene el reporte técnico del ensamble; un archivo *.jpg con las instrucciones y secuencia del ensamble; y un archivo *.wmn con un video del ensamble virtual realizado, Fig. 10.9.

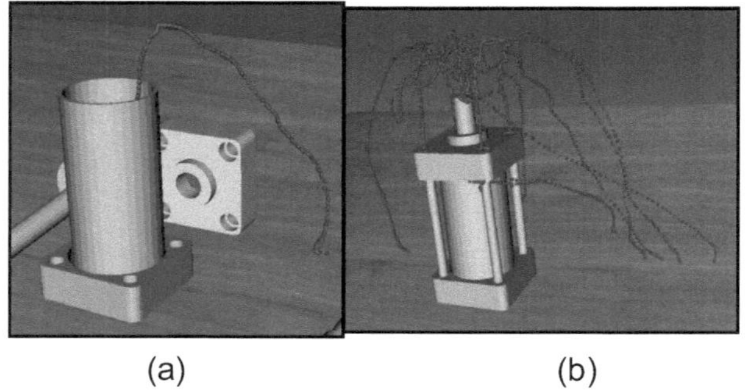

(a) (b)

Fig. 10.8 Visualización de las trayectorias de ensamble. (a) cilindro y (b) ensamble completo.

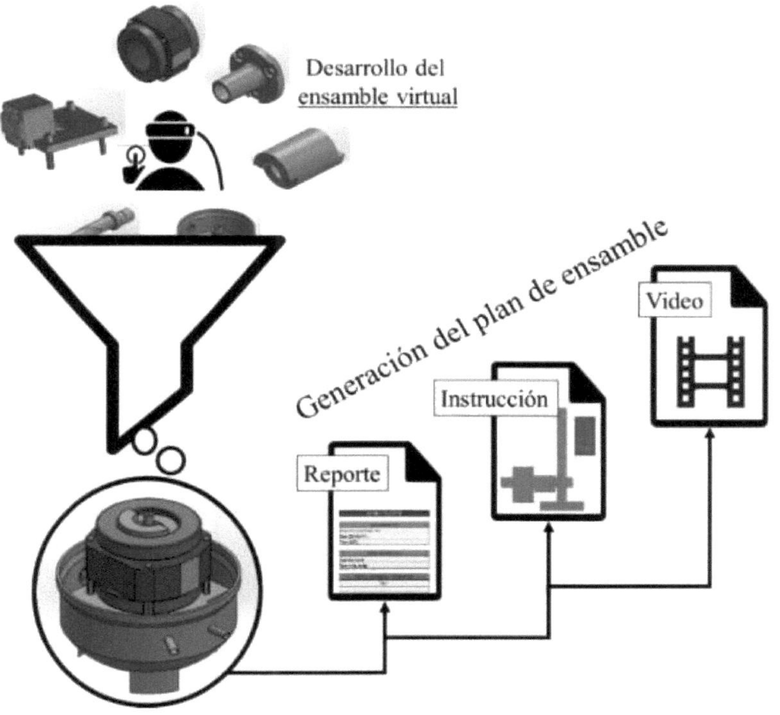

Fig. 10.9 Generación automática del plan de ensamble para un producto.

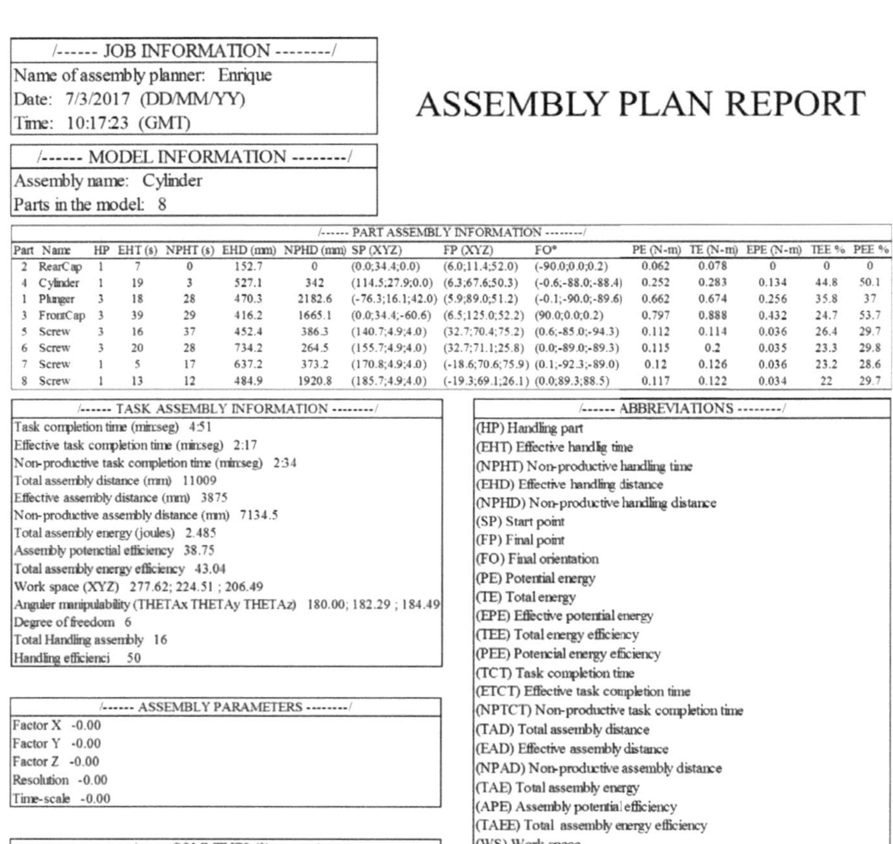

/------ JOB INFORMATION --------/

Name of assembly planner: Enrique
Date: 7/3/2017 (DD/MM/YY)
Time: 10:17:23 (GMT)

ASSEMBLY PLAN REPORT

/------ MODEL INFORMATION --------/

Assembly name: Cylinder
Parts in the model: 8

/------ PART ASSEMBLY INFORMATION --------/

Part	Name	HP	EHT (s)	NPHT (s)	EHD (mm)	NPHD (mm)	SP (XYZ)	FP (XYZ)	FO*	PE (N-m)	TE (N-m)	EPE (N-m)	TEE %	PEE %
2	RearCap	1	7	0	152.7	0	(0.0;34.4;0.0)	(6.0;11.4;52.0)	(-90.0;0.0;0.2)	0.062	0.078	0	0	0
4	Cylinder	1	19	3	527.1	342	(114.5;27.9;0.0)	(6.3;67.6;50.3)	(-0.6;-88.0;-88.4)	0.252	0.283	0.134	44.8	50.1
1	Plunger	3	18	28	470.3	2182.6	(-76.3;16.1;42.0)	(5.9;89.0;51.2)	(-0.1;-90.0;-89.6)	0.662	0.674	0.256	35.8	37
3	FrontCap	3	39	29	416.2	1665.1	(0.0;34.4;-60.6)	(6.5;125.0;52.2)	(90.0;0.0;0.2)	0.797	0.888	0.432	24.7	53.7
5	Screw	3	16	37	452.4	386.3	(140.7;4.9;4.0)	(32.7;70.4;75.2)	(0.6;-85.0;-94.3)	0.112	0.114	0.036	26.4	29.7
6	Screw	3	20	28	734.2	264.5	(155.7;4.9;4.0)	(32.7;71.1;25.8)	(0.0;-89.0;-89.3)	0.115	0.2	0.035	23.3	29.8
7	Screw	1	5	17	637.2	373.2	(170.8;4.9;4.0)	(-18.6;70.6;75.9)	(0.1;-92.3;-89.0)	0.12	0.126	0.036	23.2	28.6
8	Screw	1	13	12	484.9	1920.8	(185.7;4.9;4.0)	(-19.3;69.1;26.1)	(0.0;89.3;88.5)	0.117	0.122	0.034	22	29.7

/------ TASK ASSEMBLY INFORMATION --------/

Task completion time (min:seg) 4:51
Effective task completion time (min:seg) 2:17
Non-productive task completion time (min:seg) 2:34
Total assembly distance (mm) 11009
Effective assembly distance (mm) 3875
Non-productive assembly distance (mm) 7134.5
Total assembly energy (joules) 2.485
Assembly potenctial efficiency 38.75
Total assembly energy efficiency 43.04
Work space (XYZ) 277.62; 224.51 ; 206.49
Anguler manipulability (THETAx THETAy THETAz) 180.00; 182.29 ; 184.49
Degree of freedom 6
Total Handling assembly 16
Handling efficienci 50

/------ ASSEMBLY PARAMETERS --------/

Factor X -0.00
Factor Y -0.00
Factor Z -0.00
Resolution -0.00
Time-scale -0.00

/------ COMMENTS (*) --------/

The final orientation is a vector X Y and Z rotation.
The ordering in which these rotations must be done
to generate the same matrix is:
RotateX RotateY and finally RotateZ in extrinsic rotations

/------ ABBREVIATIONS --------/

(HP) Handling part
(EHT) Effective handlig time
(NPHT) Non-productive handling time
(EHD) Effective handling distance
(NPHD) Non-productive handling distance
(SP) Start point
(FP) Final point
(FO) Final orientation
(PE) Potential energy
(TE) Total energy
(EPE) Effective potential energy
(TEE) Total energy efficiency
(PEE) Potencial energy eficiency
(TCT) Task completion time
(ETCT) Effective task completion time
(NPTCT) Non-productive task completion time
(TAD) Total assembly distance
(EAD) Effective assembly distance
(NPAD) Non-productive assembly distance
(TAE) Total assembly energy
(APE) Assembly potential efficiency
(TAEE) Total assembly energy efficiency
(WS) Work space
(AM) Anguler manipulabiity
(DOF) Degree of freedom
(THA) Total handling assembly
(HE) Handling efficiency

Fig. 10.10 Reporte del plan de ensamble

Una vez seleccionada la ubicación y nombre con que se guardará el reporte del ensamble, se guardan las instrucciones y el video del ensamble con el mismo nombre y en la misma ubicación, esto con el fin de identificar perfectamente a qué ensamble pertenecen los tres archivos. Estos archivos se complementan entre sí con el objetivo de obtener una información completa y detallada del ensamble virtual realizado. La Fig. 10.10 muestra el reporte completo del ensamble virtual del actuador lineal.

La Fig. 10.11 muestra las instrucciones del ensamble virtual, el cual contiene la información visual de cómo debe ensamblarse un producto paso a paso. Estas instrucciones son de gran importancia ya que pueden ser utilizadas como las instrucciones de ensamble de un producto para la línea de producción o para el cliente final, dependiendo del tipo de producto.

Como se puede observar, la generación del plan de ensamble (reporte, instrucciones y video) contiene toda la información del ensamble virtual realizado, permitiendo el análisis y evaluación del ensamble en las primeras etapas de un producto nuevo, desde el rediseño del mismo hasta el análisis de movimientos estratégicos y ergonómicos que permitan un ensamble eficaz, todo esto en un ambiente virtual-háptico sin necesidad de construir prototipos físicos.

Cabe hacer mención que la plataforma (HAMS) permite al usuario realizar de manera interactiva y con comportamiento físico el ensamble virtual de componentes, logrando simular de una manera más fehaciente el ensamble real. Debido a que no hay ninguna restricción de manipulación de los objetos virtuales, el usuario puede realizar el ensamble de una manera libre y natural, haciendo uso de su experiencia y sentido común para disminuir acciones de ensamble redundantes e incorrectas. De esta manera la planeación automática de ensambles en sistema HAMS es más intuitiva, libre, y elimina errores comunes o secuencias ilógicas de ensamble que muchos sistemas CAD o CAPP no pueden evitar.

Assembly instruction of: Actuator					
	Part No.	Name		Part No.	Name
Assembly operation: 10 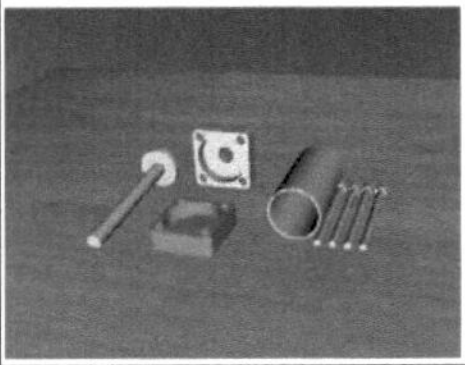	2	Tapa inferior	Assembly operation: 50 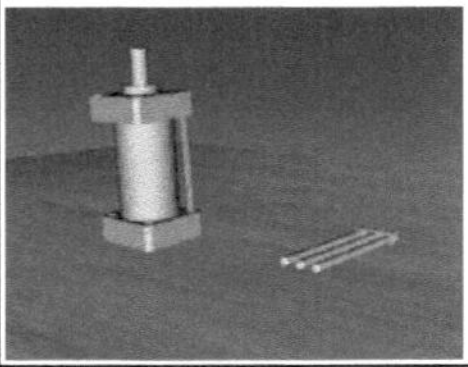	5	Torinillo_1
Assembly operation: 20 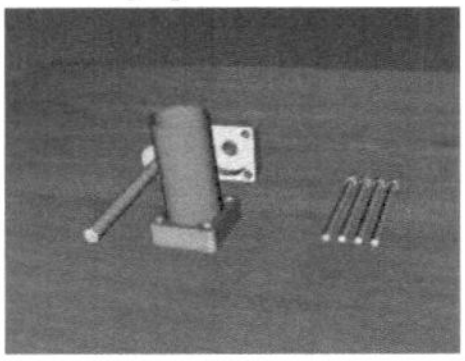	4	Cilindro	Assembly operation: 60 	6	Torinillo_2
Assembly operation: 30 	1	Émbolo	Assembly operation: 70 	7	Tornillo_3
Assembly operation: 40 	3	Tapa superior	Assembly operation: 80 	8	Tornillo_4

Fig. 10.11 Instrucciones y representación del plan de ensamble virtual para el actuador lineal.

10.6. Conclusión

Se presentó el desarrollo de un nuevo método para la generación automática de planes de ensamble basado en la realidad virtual y los dispositivos hápticos. A diferencia de las plataformas de realidad virtual existentes, el sistema propuesto permite obtener información relevante del ensamble ejecutado por el usuario, analizando y calculando una amplia gama de métricas y criterios de ensamble, permitiendo de esta manera no solo simular tareas de ensamble, si no también analizar y seleccionar el mejor plan de ensamble. Los métodos tradicionales para la planeación de ensambles, en particular los algoritmos genéticos, llevan a cabo búsquedas exhaustivas con el propósito de encontrar el mejor plan de ensamble. Mientras que el sistema HAMS aprovecha la experiencia e intuición del experto para reducir la búsqueda y análisis a únicamente secuencias factibles de ensamble. La combinación del sistema HAMS propuesto con un experto en procesos de ensamble, reduce aún más la búsqueda del mejor plan de ensamble debido a que la pericia del experto le permite ubicar inmediatamente secuencias de ensamble que se acercan al mejor plan de ensamble, sin necesidad de realizar una búsqueda exhaustiva de todas las secuencias factibles de ensamble. Cabe mencionar que, por cada ejecución del ensamble virtual, HAMS transfiere conocimiento al experto, por lo que la mejora en el proceso de un ensamble virtual es continua; por ejemplo, diez repeticiones de un ensamble virtual pueden revelar mejoras en el proceso de ensamble, mientras que en cinco repeticiones no se hubieran podido detectar. Todo esto permite que, al realizar el ensamble real, el experto ya posee un gran conocimiento de todos los pros y contras que pudieran surgir de dicho ensamble, así como también contar con un reporte que indica la mejor secuencia para realizar dicho ensamble.

Agradecimientos

Los autores agradecen el apoyo del Consejo Nacional de Ciencia y Tecnología de México (CONACYT) para la realización del proyecto.

10.7 Referencias

1. G. Boothroyd, "Assembly automation and product design", Marcel Dekker, (1992), New York.
2. P. Xia, A.M. Lopes, and M.T. Restivo, "A review of virtual reality and haptics for product assembly (part 1): rigid parts", Assembly Automation, Vol. 33 Issue: 1, (2013), pp. 68-77.
3. A.S. Coutee, "Virtual assembly and disassembly analysis: An exportation into virtual object interactions and haptic feedback", Tesis doctoral, (2004), Georgia, Georgia Institute of Technology.
4. G. Gonzalez-Badillo, H.I. Medellin-Castillo, T. Lim, J.M. Ritchie and S. Garbaya, "The development of a physics and constraint-based haptic virtual assembly system", Assembly Automation, Vol. 34 Issue: 1, (2014), pp. 41-55.
5. Z. Hongmin, W. Dianliang and F. Xiumin, "Interactive assembly tool planning based on assembly semantics in virtual environment", Manufacturing Technology, Vol. 51 Issue: 5-8, (2010), pp. 739-755.

6. J.M. Ritchie, T. Lim, R.S. Sung and H.I. Medellin, "Generation of assembly process plans and associated gilbreth motion study data", 2nd International workshop virtual manufacturing VirMan 08 as part of the 5th INSTUITION International conference: Virtual reality in industry and society: From research to application, October 6-8, Torino, Italy, (2008), ISBN 978-960-89028-7-9.
7. T. Lim, H.I. Medellin, R. Sung, J. Ritchie and J. Corney, "Virtual bloxing-assembly rapid prototyping of near net shape", In: World Conference on Innovative VR, 2009-02-25 – 2009-02-26, (2009), Chalon-sur-Saone, France.
8. B. O'Shea, H. Kaebernick, S.S. Grewal, H. Perlewitz, K. Muller and G. Seliger, "Method for automatic tool selection for disassembly planning", Assembly Automation, Vol. 19 Issue 1, (1999), pp. 47-54.
9. Q. Su and S.S-F. Smith, "An integrated framework for assembly-oriented product design and optimization", Journal of industrial technology, Vol. 19 Issue: 2, (2003), pp. 1-9.
10. C.J. Barnes, G.E.M. Jared and K.G. Swift, "Decision support for sequence generation in an assembly oriented design environment", Robotic and computer-integrated manufacturing, Vol. 20 Issue: 4, (2004), pp. 289-300.
11. Visualization Toolkit, VTK, consultado en: http://www.vtk.org/.
12. Real Time Physics Simulation, Bullet Physics Library, consultado en: http://bulletphysics.org/wordpress/.
13. Nvidia Developer Zone, PhysX SDK, consultado en: http://developer.nvidia.com/physx/.

14. Geomatic OpenHaptics, OpenHaptics Toolkit v3.0, consultado en: http://geomagic.com/en/products/open-haptics/overview/.

15. G. Gonzalez-Badillo, H.I. Medellin-Castillo and T. Lim, "Development of a haptic virtual reality system for assembly planning and evaluation", Procedia Technology, 3rd Iberoamerican Conference on Electrics Engineering and Computer Science, Vol. 7, (2013), pp. 265-272.

16. E. Gallegos-Nieto, H.I. Medellin-Castillo y G. González-Badillo, "Análisis y evaluación del entrenamiento de procesos de ensamble utilizando realidad virtual y sistemas hápticos", Memorias del XX congreso internacional anual de la SOMIM, 24 al 26 de sep., (2014). Juriquilla, Querétaro, México.

CÁPITULO 11. ESTUDIO COMPARATIVO DE LA IMPLEMENTACIÓN DE UN MODELO DE ENSEÑANZA PARA LA MANUFACTURA ESBELTA

Tlapale Hernández Prudencio, Pérez Ramos Ma. Gabriela, Muñoz Merino Víctor Hugo,*Universidad Tecnológica de Huejotzingo, Huejotzingo, Puebla México, C.P. 74169. *Email: prudencio.tlapale@uth.edu.mx

11.1 Introducción

El presente trabajo tiene por objetivo presentar un estudio comparativo de la implementación de un modelo de enseñanza de la manufactura esbelta, a través de la simulación lúdica que permita la interacción con las asignaturas vinculadas con esta área del conocimiento, en la Universidad Tecnológica de Huejotzingo y en la Universidad Continental de Perú. Como objetivos específicos se plantea:

1. Analizar el modelo educativo de las Universidades Tecnológicas
2. Analizar del mapa curricular de la carrera de Procesos Industriales Área automotriz e Ingeniería en Procesos y Operaciones Industriales
3. Proponer el modelo de enseñanza de la Manufactura Esbelta
4. Evaluar los resultados de la Implementación del modelo de enseñanza

Ante el requerimiento de la industria por recibir estudiantes con conocimientos y habilidades en el manejo de las herramientas de la manufactura esbelta es necesario implementar un modelo que ayude a la enseñanza, a la demostración y a la comprensión de los conceptos, satisfaciendo en la teoría y en la práctica las actividades de eliminación de los siete grandes desperdicios que impiden el desarrollo de la mejora continua en las áreas de cualquier organización; lo que nos lleva a trabajar de manera lúdica cómo se generan, cómo se controlan y cómo se eliminan. Apoyándonos en herramientas típicas para orden, selección y limpieza de áreas; para la preparación de piezas, herramientas y herramentales, para mejorar la visibilidad de flujo de trabajo, para la fabricación y utilización de dispositivos a prueba de errores, para el mantenimiento productivo total, para la disminución de paros, y que en su conjunto lleven al estudiante a tener conocimiento de éstas para su aplicación en el Mapeo del flujo de valor.

A partir del modelo de educación basado en competencias para la educación superior, se requiere formar profesionistas que sean dinámicos y flexibles, para desempeñarse profesionalmente en el ámbito industrial, por lo tanto, la práctica docente debe generar un ambiente en el que el estudiante aprenda haciendo, razone cada situación aportando conocimientos y experiencias, y plantee soluciones innovadoras, creativas y disruptivas a los problemas que surgen en los procesos productivos.

La implementación se realizó en el semestre I, marzo-julio, del 2017 en la Universidad Continental (UC) de Perú y en el cuatrimestre septiembre-diciembre del 2017 en la Universidad Tecnológica de Huejotzingo (UTH), con la participación de estudiantes que cursaron la asignatura de *Ingeniería de procesos* en la universidad peruana, durante el cuarto semestre y en cuyo contenido se exponen temas relacionados con la manufactura esbelta, los resultados obtenidos son comparados con la participación de estudiantes en la Universidad de origen (UTH) para la asignatura de Manufactura esbelta cursada en el séptimo cuatrimestre, con la finalidad de establecer la viabilidad del modelo de enseñanza de esta disciplina en ambas universidades.

El proyecto inició a partir del análisis de las asignaturas de las carreras de *técnico superior universitario en Procesos Industriales* e *Ingeniero en Procesos y Operaciones Industriales* en la UTH, para observar la correspondencia de contenidos y desarrollar el modelo para los estudiantes interesados en los temas de la manufactura esbelta, sin hacer a un lado la esencia de las Universidades Tecnológicas y cumpliendo para las asignaturas con un 30 por ciento de conceptos teóricos y el 70 por ciento con actividades prácticas para el nivel de técnico superior universitario; y de un 40 por ciento de teoría y 60 por ciento de práctica para el nivel de ingeniería, esto se presenta en la tabla 11.1. En la que se observa la herramienta de manufactura esbelta en estudio y el periodo en el que se imparte.

La implementación del modelo propuesto genera un cambio cultural y conductual en los estudiantes por las actividades de sensibilización que desarrollan y la ejecución de los ejercicios lúdicos con los que de forma tangible adoptan la filosofía de manufactura esbelta para alcanzar una mejora en la productividad durante el desarrollo de los ejercicios, en los cuales consiguen la disminución en los costos de producción, un mejor manejo de los inventarios, mejoras sustanciales en los procesos, eliminación de desperdicios, reducción de tiempos de entrega, mejora en la calidad, mejor utilización de equipos y mejores márgenes de utilidad; lo que genera un valor agregado en la simulación, pues se orienta al estudiante a trabajar de manera creativa para mejorar la competitividad y controlar el sistema productivo.

Una característica de la implementación del modelo es facilitar el proceso enseñanza-aprendizaje demostrando la funcionalidad de los conceptos teóricos con el ejercicio práctico para que las herramientas de Manufactura esbelta sean enseñadas de acuerdo con los programas de estudios vigentes 2017 para TSU y 2018 para Ingeniería, de forma continua sin importar que los temas sean aislados o secuenciales. Por lo tanto, se propone el manejo lúdico de las herramientas principales como una estrategia de apoyo para el docente frente a grupo, para dinamizar el proceso de enseñanza e incrementar el nivel de comprensión de una manera lógica y pertinente en los estudiantes.

Cuatrimestre / Temas	3	7	9	10
5 S´s	√	√		
SMED	√	√		
Kanban	√	√		
PokaYoke	√	√		
Justo a tiempo	√	√		
TPM	√	√		
TQM	√			
VSM		√		
Mapeo de Procesos	√	√		√
Análisis y solución de problemas			√	

Tabla 11.1. Revisión de conceptos relacionados con las herramientas de Manufactura esbelta. Fuente propia UTH.

De acuerdo a un análisis de los proyectos realizados en las empresas de los diferentes corredores industriales cercanos a la Universidad Tecnológica de Huejotzingo, para la carrera de TSU en Procesos Industriales Área Automotriz se tomaron los últimos cinco años (2013-2018) encontrándose que, de un total de 412 memorias de estadías, 53 de ellas tienen una orientación hacia la manufactura esbelta, este número de trabajos arroja un 12.86%, agrupados de la siguiente manera: 40 trabajos para 5 S's, 1 para pokayokes, 2 para TPM, 2 para 5W, 1 para 6 M's, 4 para kaizen, 1para SMED y 2 para kanban. De manera complementaria, para la carrera de Ingeniería en Procesos y Operaciones Industrial, entre los años 2011 y 2017, se reportan 39 trabajos relacionados con las técnicas objeto de este estudio de un total de 241, lo que equivale a un 16%, distribuidos de la siguiente manera: 20 trabajos para 5 S's, 5 para TPM, 2 para Pokayokes, 7 para Mapeo de proceso, 2 para SMED, 2 para 5W+1H, y 1 para 7 desperdicios.

11.2. Teoría

Para la ejecución del trabajo se estructuró el marco teórico resumiendo aspectos fundamentales de modelos y de la Manufactura esbelta abordando temas como: 1) Antecedentes de un modelo, 2) Fundamentos y aplicaciones de la manufactura esbelta, 3) Proposiciones principales de la implementación del modelo, 4) Manufactura esbelta como un sistema de mejora continua.

Sacristán [1] define que "el modelo es un recurso técnico para el desarrollo y fundamentación científica de la enseñanza". Entonces, un modelo es un medio simbólico que contribuye al aprendizaje de los estudiantes para el desempeño de sus funciones, para dirigir y tomar decisiones individuales y colectivas; desarrollar habilidades y hábitos propios de la dirección y de las redes de trabajo a las que se integrará. Haciendo que el modelo propuesto simplifique las condiciones que se dan en un salón de clase, logrando un control de las variables manejadas durante el entrenamiento.

Para lograrlo descomponemos el proceso de enseñanza en pequeñas unidades fáciles de entender y susceptibles de desarrollarse en el aula, asemejándolas lo más posible a la realidad de un proceso productivo, controlando las variables presentes y la sensación de seguridad para el docente que lleva a cabo la práctica.

(a) Antecedentes del concepto de modelo

"No hay una definición general del concepto, sin embargo, se manejan analogías para evidenciar el modelado de situaciones o problemas en el campo de las ciencias modernas", como lo comenta Jorge Carrera [2] en su artículo. Por lo tanto, para nuestro proyecto se entiende que un modelo es la representación ideal de conceptos técnicos que expresan formas lúdicas de trabajo.

Con respecto al ámbito educativo Astolfi [3] menciona que "un modelo es la abstracción teórica del mundo real para disminuir la complejidad y trabajar en los aspectos relevantes del problema".

Lo cual nos lleva a considerar que independientemente del modelo que el docente tome para el proceso de enseñanza este debe contener dos características para que funcione: la lógica y la coherencia.

(b)Fundamentos y aplicaciones de la manufactura esbelta

Durante la década de los años 1960-1970, se manejó la frase de "Sistema Toyota de Producción" la cual hacía alusión a una sola empresa, siendo esta una limitante para la difusión del término "Manufactura esbelta", y fue hasta 1991 cuando el estadounidense Womack introdujo por primera vez dicho concepto en su libro "La máquina que cambió al mundo"[4]. La frase y todo su contenido se ha extendido en la cultura occidental generando éxito al aportar conceptos enfocados tanto a la productividad como a la calidad, pues es una herramienta de trabajo simple, profunda y efectiva, dirigida a incrementar la eficiencia productiva en todos los procesos: optimizando tiempo, espacio, desperdicios, inventario y defectos; además de involucrar al trabajador y despertar en él un sentido de pertenencia, al participar en el proceso de proponer sus ideas de cómo hacer las cosas mejor.

(c) Propuestas para la implementación del modelo

A continuación, se describen algunas propuestas del modelo las cuales pretenden encaminar a los estudiantes en la búsqueda de:

1. Suprimir todas las actividades y desperdicios que no añaden valor al producto
2. Realizar un proceso viable, capaz de crear un producto con el mínimo de errores
3. Flexibilizar su actitud para fabricar lo que el docente propone y en el momento en que se indica

4. Utilizar adecuadamente los recursos, tangibles e intangibles, en cada práctica
5. Crear procedimientos sencillos para detectar, corregir y eliminar errores en los productos, en la sobreproducción, en los inventarios, en los movimientos innecesarios, en el retrabajo y en los tiempos de espera.

(d) Manufactura esbelta como un sistema de mejora continua

La Manufactura esbelta es un método de organización del trabajo que se centra en la mejora continua y en la optimización del sistema de producción, a través de la eliminación de desperdicios y actividades que no suman ningún tipo de valor al proceso, por lo que, eliminando estas actividades no productivas, es posible obtener una reducción en los costos de producción y en el tiempo de fabricación, lo cual conduce a un incremento la capacidad productiva. Todas estas ventajas tienen un efecto multiplicador debido a que no es necesario realizar una inversión en maquinaria u otros recursos, para beneficiarse de ellas.

11.3. Desarrollo de la investigación

La metodología empleada en el estudio es de tipo experimental-descriptiva, ya que se busca facilitar el desempeño del docente en la impartición de la asignatura y mejorar la actitud del estudiante en la recepción del conocimiento. Para el análisis de la información se utilizó el método cualitativo, debido a que la recuperación de las opiniones de los estudiantes proviene de las respuestas de un instrumento diseñado para tal fin, las cuáles fueron agrupadas y analizadas una a una para determinar el nivel de mejora en el proceso de enseñanza con base en los aspectos abordados en la implementación del modelo.

Se tomó como grupo de estudio un taller, en la Universidad Continental de Perú, con una duración de 72 horas, en horarios de 18:00-21:00 horas, y otro con las mismas características en la Universidad Tecnológica de Huejotzingo con una duración de 75 horas, en horarios de 14:30-17:00 horas, además se consideraron los criterios complementarios siguientes:

Criterio	UC	UTH
Estudiantes	34	34
Semestre	4	7
Carrera	Ing. Industrial	Ing. Procesos

Tabla 11.2. Sujetos de estudio por universidad y carrera. Fuente propia UTH.

11.3.1. Instrumento de medición

A fin de obtener información del modelo implementado, se elaboró una encuesta con 13 preguntas (anexo 11.1), aplicada a 34 estudiantes de cada universidad. Las preguntas no se modificaron con la intención de medir el avance de los estudiantes y su impacto al final del proceso.

11.3.2. Procesamiento de la información

Se utilizó el programa informático de Excel, para capturar las respuestas de los estudiantes que participaron en el taller de implementación del modelo; se realizó el vaciado de las respuestas de las 13 preguntas contestadas por cada grupo de 34 estudiantes por universidad, obteniendo 884 respuestas, diferenciadas para cada institución. Las cuales se agruparon por similitud de características para asignarles el nombre del dominio y atributos (ver tabla 11.3) y realizar el estudio comparativo.

N°	Dominio	Atributo
1	Diagnóstico de conceptos sobre manufactura esbelta	Conocimiento previo del estudiante
2	Conocimiento de las herramientas de manufactura esbelta	Presencia de términos y conceptos
3	Conocimiento de la aplicación de herramientas de manufactura esbelta para elaborar estrategias	Utilización de las herramientas para simular o solucionar problemas
4	Oportunidad para el estudio de la manufactura esbelta y su aplicación	Interés para los estudiantes en desarrollarse en esta disciplina

Tabla 11.3. Definición de variables. Fuente propia UTH.

11.3.3. Variables de estudio

Las variables definidas para este estudio son:

(a) Implementar un modelo de aplicación estratégica, práctica y de innovación que contribuya a la productividad

(b) Mejorar la enseñanza de esta asignatura para ampliar el espectro del estudiante en los proyectos de estadía

11.3.4. Fases de la implementación del modelo

11.3.4.1 Diagnóstico

Para la implementación se aplicó una evaluación diagnóstica con la finalidad de saber el nivel de conocimientos y la inquietud que tiene el estudiante sobre el tema. Los resultados, se agruparon en los cuatro aspectos mostrados en la tabla 11.3 y se evaluaron siguiendo una escala tipo Likert mencionada por el autor Aiken [5]. Para los dos primeros se utilizaron respuestas de "no conozco", "conozco parcialmente", "sí conozco", "conozco bien" y "conozco muy bien". Para los aspectos 3 y 4 utilizamos respuestas de "nulo", "mínimo", "bajo", "medio" y "alto". Los cuales se presentan a continuación.

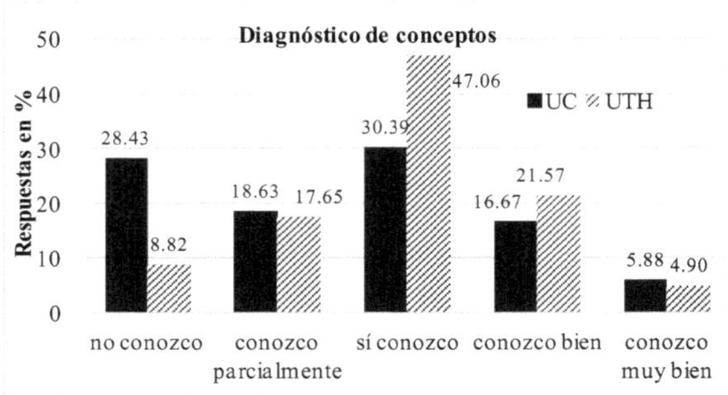

Fig. 11.1. Respuestas obtenidas en el diagnóstico, Fuente: Propia

Los resultados del diagnóstico (Figura 11.1), indicaron para los estudiantes de la UC, trabajar en el 28.43% de la muestra de estudiantes para disminuir el **no conozco**, incrementar el 16.67% de **conozco bien** y mejorar el 5.88% del **conozco muy bien**. Para los estudiantes de la UTH, indican trabajar para superar el 21.57% del **conozco bien** y con el concepto de **conozco muy bien** señalado con el 4.9% para llevarlo hasta donde el modelo lo permita. En el mismo sentido, para ambos grupos de estudiantes es indispensable activar estrategias para superar los resultados del **conozco parcialmente** (18.63% para UC y 17.65% para UTH) disminuyendo estos porcentajes.

Con respecto a la evaluación inicial del conocimiento de las herramientas de Manufactura Esbelta (Figura 11.2) los estudiantes aportaron los siguientes resultados.

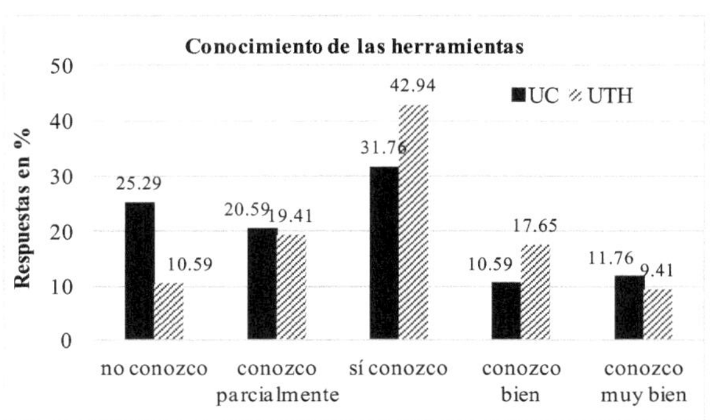

Fig. 11.2 Conocimiento y aplicación de herramientas, Fuente: propia

Se tienen respuestas en la clasificación de **no conozco** del 25.29% de los encuestados en la UC y el 10.59% en los de la UTH, lo cual permitió trabajar de forma dinámica con los estudiantes y satisfacer sus expectativas de conocimiento. En el punto de **conozco parcialmente** las herramientas, ambos grupos arrojaron un resultado similar sobre el 20%, el cual aportó cierto conocimiento que refuerza el método y mejora la satisfacción de los estudiantes. En relación al conocimiento de las herramientas para ser aplicadas estratégicamente en la construcción de mapas de valor (Figura 11.3), los estudiantes contribuyeron con la información presentada.

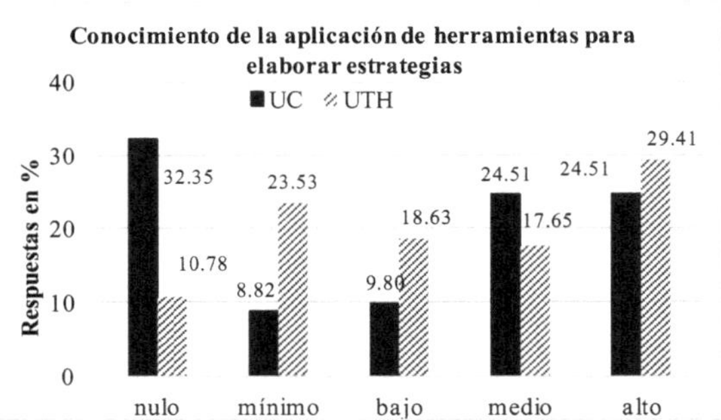

Fig. 11.3. Conocimiento y aplicación de herramientas, Fuente: propia

En cuanto al conocimiento de las herramientas para aplicarlas en el nivel estratégico, se tiene que un 24.51% de los estudiantes en la UC y del 17.65% en la UTH presentan un conocimiento medio. Con respecto a las respuestas de conocimiento alto se tiene buenas expectativas para los estudiantes de UTH con el 29.41% y así como para los de la UC pues mantienen su porcentaje del conocimiento medio 24.51%, estos valores nos indican que hay disposición para incursionar en la aplicación de la Manufactura esbelta y elaborar estrategias para la mejora.

En la oportunidad para el estudio de la Manufactura Esbelta (Figura 11.4) las respuestas que aportaron los estudiantes de ambas universidades, indican una tendencia de interés por aprender, y por lo tanto induce a desarrollar el método de manera lúdica Las respuestas de los estudiantes de la UC y UTH, presentan para la oportunidad media el 36.76 y el 30.88% y para la oportunidad alta un 42.65% y el 60.29% respectivamente. Lo cual indica que los estudiantes de la UTH visualizan oportunidades para la aplicación.

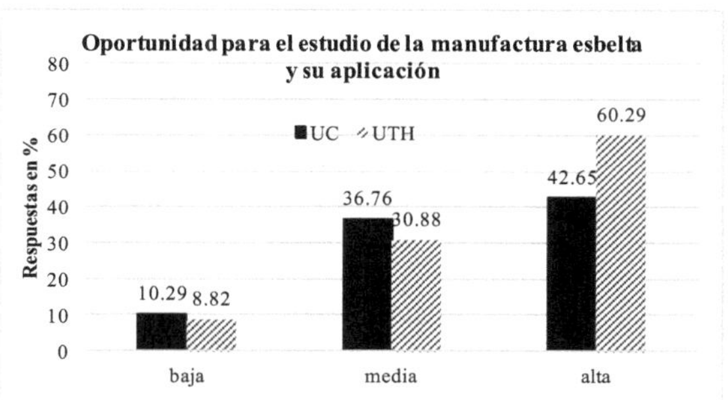

Fig. 11.4. Respuestas de la oportunidad para el estudio, Fuente: propia

11.3.4.2 Implementación

Se trabajó con las herramientas: 5S´s, SMED, KANBAN, KAIZEN, POKAYOKES y TPM, para identificar los conceptos teóricos y la aplicación lúdica a través de dinámicas que asocian estas y otras herramientas de la manufactura esbelta, así como conceptos de la Ingeniería.

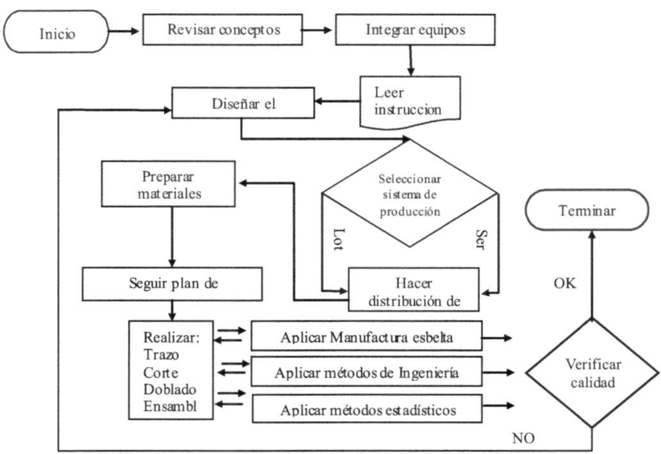

Fig. 11.5 Diagrama de implementación del modelo, Fuente: Propia

En seguida se pasó a la fase de experimentación siguiendo las actividades del diagrama de la Figura 11.5, en nuestro proyecto se utiliza la papiroflexia para interactuar con las herramientas y se simula el seguimiento de un plan de producción en el que los estudiantes controlan productividad, costos, tiempo de proceso y calidad del producto en diferentes etapas (corridas de producción). Al terminar la primera dinámica se abre un espacio para evaluar los resultados obtenidos, los cuales no necesariamente deben ser satisfactorios, pues se requiere plantear estrategias de mejora donde utilizarán las herramientas adecuadas para conseguir la mejora de la simulación de producción. Sin variar las preguntas de la encuesta de entrada, se presentan en la Figura 11. 6 los resultados obtenidos en la implementación, en los cuales se observa que los estudiantes que participan en el proyecto han asimilado adecuadamente los conceptos, pues se ha eliminado los términos de **no conozco** y **conozco parcialmente**, e incrementado los de **conozco bien** y **conozco muy bien**, de forma sustancial duplicando el porcentaje que relaciona el conocimiento y la utilidad de los conceptos básicos.

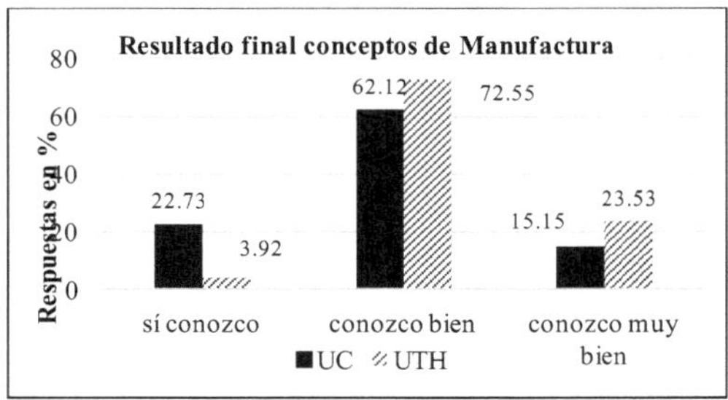

Fig. 11.6 Resultado final de captación de conocimientos sobre Manufactura esbelta, Fuente: propia

11.3.4.3 Elaboración de Mapa de proceso y Mapa de Análisis de Valor

Con el contexto de lo ocurrido en la primera dinámica con la utilización de herramientas básicas, los estudiantes migran hacia la parte estratégica, para elaborar el mapa de proceso y desarrollar el Mapeo de Valor, ubicando de manera estratégica los puntos específicos para controlar su proceso, las variables y el control de la calidad de su producto. Para elaborar estrategias de Mejora Continua se utiliza la Teoría de restricciones (TOC), Matriz FODA, técnicas complementarias como 5 Por qué (5W), 5 Por qué + 1H (5W+1H), y algunos diagramas como el de afinidad, el de árbol, el de flechas y el de relaciones. Los resultados obtenidos expresan que los estudiantes están en condiciones de plantear estrategias utilizando ese conocimiento, como se observa en la Figura 11.7. En esta se observa la disminución en el concepto de si conozco al pasar del 31.76 al 21.82% para los estudiantes de la UC y del 42.94 al 8.82% para los de la UTH, en cuanto a la clasificación del conozco bien se observa un cambio del 10.59 al 57.27% para la UC y del 17.65 al 58.24% para la UTH, finalmente para el conozco muy bien el crecimiento es considerable al pasar del 11.76 al 20.91% para la UC y del 9.41 al 32.94% para la UTH, estos valores son comparados con los resultados iniciales mostrados en la Figura 11.2. Lo cual indica que el modelo puede ser evaluado en otras instancias para corroborar su efectividad.

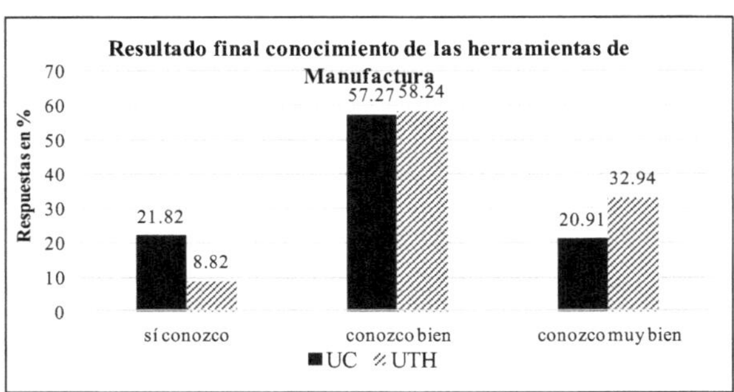

Fig. 11.7 Resultado final de captación de conocimientos sobre Manufactura esbelta, Fuente: propia

11.3.4.3 Teoría de restricciones (TOC)

Los estudiantes inician un tercer ciclo de experimentación, controlando tiempos de trabajo, simulando la acumulación de inventarios, la presencia de personal desocupado y la insatisfacción de clientes. Con la oportunidad de incursionar no solo al análisis de las herramientas de manufactura esbelta sino transitar a dos aspectos técnicos de consideración: la "Teoría de restricciones" y como revertir "cuellos de botella". Las limitantes observadas en esta etapa les permite analizar el sistema predominante para hacer un planteamiento estratégico y seguir con el desarrollo. Determinan los puntos clave y deciden que hacer para terminar con los "cuellos de botella", siempre con el asesoramiento profesional del docente, induciendo al estudiante hacia la observaron del incremento de la producción y al flujo de los materiales de estación en estación de trabajo. El resultado de esta actividad se presenta en la Figura 11.8. Estableciendo una relación entre las respuestas obtenidas en este punto y las mostradas en la Figura 11.3, observamos un avance en la implementación al disminuir el desconocimiento señalado como **Bajo** al pasar del 9.8% al 9.09% para los estudiantes de la UC y del 18.63% al 9.8% para los estudiantes de la UTH, la disminución ayuda a que los estudiantes mejoren el conocimiento y la aplicación de las herramientas al cambiar en el **nivel medio** y pasar del 24.51% al 65.15% para los de la UC y del 17.65% al 33.3% para los de la UTH.

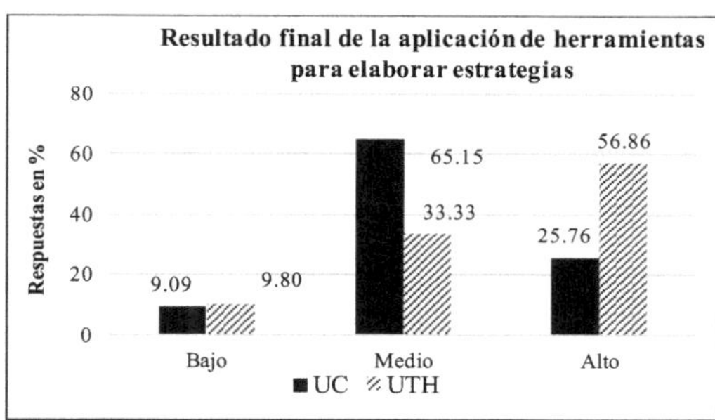

Fig. 11.8 Respuestas sobre el conocimiento y aplicación en el nivel estratégico. Fuente: propia

Finalmente, lo que los estudiantes consideraban como un **conocimiento alto** al inicio de la implementación con valores del 24.51 % para los de la UC y del 29.41% para los de la UTH, se modificaron ligeramente para los estudiantes de la UC al quedar con un 25.76% y un incremento para los estudiantes de la UTH al alcanzar el 58.86%.

11.3.4.4 Costos de operación

Para esta última etapa de la implementación, los participantes llevan un control de los tiempos de fabricación, de los materiales requeridos asociados a un costo y del número de personas que participan en la simulación. Con los datos obtenidos los estudiantes realizan un breve análisis de costos, cuyos resultados muestran si las decisiones son correctas o si es necesario realizar algunas modificaciones para continuar con el proceso de mejora. para la mayoría de los estudiantes interesados en esta disciplina, la parte final del ejercicio les ayuda a encontrar la utilidad de la aplicación de la manufactura esbelta, pues todo lo realizado no contiene operaciones numéricas laboriosas o un nivel de complejidad alto; no obstante, los resultados son tangibles al observar la calidad de su trabajo, la disminución de los tiempos de fabricación y del costo del producto; lo cual abre una serie de posibilidades, como se observa en la Figura 11.9, de mejorar en la implementación y seguimiento del proyecto.

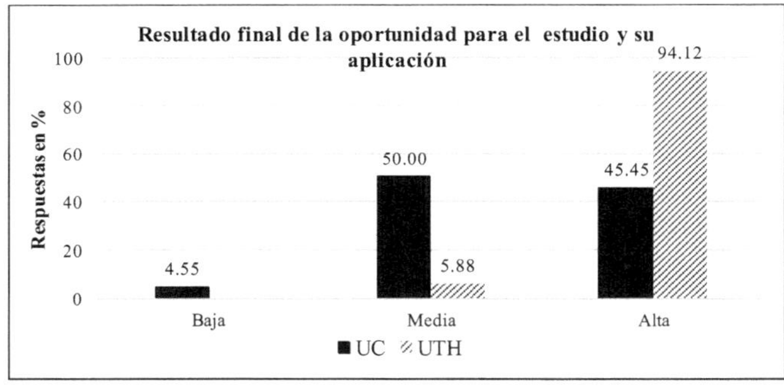

Fig. 11.9 Respuestas sobre la oportunidad de desarrollo del estudio. Fuente: propia

La oportunidad para el estudio, abierta al inicio, tuvo una expectativa alta con valores del 42.65% para los estudiantes de la UC y del 60.29% para los de la UTH, al final del ejercicio, se observó un aumento pequeño para los estudiantes de la UC con el 45.45% y un aumento considerable para los de la UTH al alcanzar un 94.12%.

11.4. Conclusiones

Con los resultados obtenidos el estudio tiene amplias expectativas de ayudar a los estudiantes, pues a diferencia de la encuesta inicial en la que las oportunidades eran limitadas por el desconocimiento del modelo, al final se han fortalecido. La aplicación del modelo permite identificar áreas de oportunidad en los procesos productivos y actuar en la mejora continua al comprender y practicar con el control de variables, con la utilización de mano de obra, con la optimización de recursos materiales y con el control de los costos de operación.

Con los resultados obtenidos y mostrados en las Figuras anteriores, concluimos que el modelo de enseñanza en esta primera etapa, alcanzó un nivel de comprensión y ejecución bueno, pues los participantes después de 14 semanas de actividad mejoraron considerablemente su apreciación cualitativa en las respuestas de la encuesta de salida para las expresiones de conozco bien y conozco muy bien; así como en el uso de las herramientas para elaborar estrategias, las cuales les ofrecen un área de oportunidad Alta para el estudio y aplicación de la Manufactura esbelta en cualquier ámbito de su desarrollo personal y profesional.

Como posibilidades de mejora, se deja abierta la formación de un micro taller de producción esbelta con actividades de sensibilización para que los estudiantes adopten el modelo como una herramienta de aplicación práctica y en el que se desarrollen acciones lúdicas de cómo mejorar la calidad, cómo disminuir los costos y cómo cumplir con las entregas al cliente.

Finalmente, la implementación de este modelo deja para los docentes de la UTH una tarea importante de seguimiento que verifique si las oportunidades de mejora que se identificaron son llevadas a la práctica, ampliando el radio de acción de los estudiantes en los proyectos de estadías y realizar una investigación centrada en los alumnos como los beneficiados del proceso enseñanza-aprendizaje.

Agradecimientos

A la UTH por el apoyo para participar en el proceso de intercambio académico internacional a través de la Alianza del Pacífico y llevar la implementación del modelo a la Universidad Continental en Perú. A los estudiantes de diferentes generaciones de la UTH, quienes han mostrado disponibilidad y aportación acerca de los requerimientos de las empresas para el desarrollo del modelo a través de sus trabajos de estadías, permitiendo obtener los resultados de diagnóstico. A los estudiantes de la UC por permitirnos realizar la primera evaluación de puesta en marcha. A los integrantes del CAEF por sus aportes derivados del seguimiento y revisión documental a las memorias de estadía.

11.5. Bibliografía

1. J. Gimeno Sacristán, Teoría de la enseñanza y desarrollo del currículo, Anaya S.A. Madrid (1986).
2. J. Carrera, “Methodological conceptualization of mathematical modelling” in: Mathl. Comput. Modelling Vol. 16(12),19-28(1992).

3. J. Pierre Astolfi. Aprender en la escuela. Chile: Dolmen (1997).
4. J.P Womack, J.T. Daniel, R. Daniel, The Machine that Change the Word. Harper Perennial. New York (1991).
5. L. R. Aiken, Test psicológicos y evaluaciones. Pearson educación, México (2003)

ANEXO 11.1

ENCUESTA INTER-INSTITUCIONAL
UC PERÚ- UTH MÉXICO

Proyecto "Implementación de un modelo para la enseñanza de la manufactura esbelta", dentro del programa de reciprocidad internacional Plataforma de movilidad estudiantil y académica de la Alianza del Pacífico.

Para determinar, con fines estadísticos, el nivel de percepción de los alumnos acerca de la manufactura esbelta en la formación Superior Universitaria en las áreas de Ingeniería.

Instrucciones: Marca, circula o subraya la respuesta que consideres adecuada al nivel en el que te ubicas. La escala es la siguiente, No (1), Parcialmente (2), Si (3), Bien (4) y Muy bien (5).

1. ¿Conoces o has escuchado el concepto Manufactura Esbelta o Lean Manufacturing?

N P S B MB

2. ¿Alguna vez lo has utilizado?

N P S B MB

3. ¿Sabes de la existencia de los 7 desperdicios en cualquier actividad laboral?

N P S B MB

4. ¿Sabes qué son las 5 S´s?

N P S B MB

5. ¿Has escuchado el término SMED?

N P S B MB

6. ¿Alguna vez has escuchado la utilización de Kanban?

N P S B MB

7. ¿Tienes presente el término Poka Yoke?

N P S B MB

8. ¿Has utilizado el concepto TPM?

N P S B MB

9. ¿Te gustaría conocer algo sobre el mapeo del flujo de valor?

N P S B MB

10. ¿Conoces el concepto mapeo de procesos?

N P S B MB

11. ¿Sabes de la existencia de herramientas administrativas de la calidad?

N P S B MB

12. ¿Te gustaría aprender Manufactura esbelta de forma práctica?

N P S B MB

13. ¿Tendrías disponibilidad para incorporarte a un taller de manufactura esbelta?

N P S B MB

¡GRACIAS POR TU COLABORACIÓN!

CÁPITULO 12. DESARROLLO DE LA SECUENCIA DE FABRICACIÓN DE UN PROTOTIPO APLICANDO LA METODOLOGÍA DEL DISEÑO TOTAL CON ENFOQUE A LA MANUFACTURA 4.0

Francisco Javier Alcalá Hernández, José Luis López Robles, Vicente Cisneros López , Universidad Tecnológica de Salamanca, Avenida Universidad Tecnológica 200, Ciudad Bajío, 36766 Salamanca, Guanajuato.email: falcala@utsalamanca.edu.mx,* jlopez@utsalamanca.edu.mx, vcisneros@utsalamanca.edu.mx.*

12.1 Introducción

La metodología se enfocó al desarrollo de una secuencia de fabricación para la fabricación de prototipos que ayuden al entendimiento del diseño y la manufactura mediante la aplicación de la metodología del diseño total, a su vez usando la simulación del diseño para poder comprender la importancia de este hacia la manufactura 4.0.

Esta secuencia ayuda a establecer un mayor entendimiento de la fabricación de un determinado prototipo, esto se regirá por varias etapas del diseño total que hará más comprensible el proceso didáctico [1]. También genera un valor agregado a la actualización de la metodología del diseño total aplicado a una simulación y con enfoque hacia la manufactura 4.0 en el desarrollo de prototipos industriales. En el artículo se expondrán las características de cada fase desarrollada de la metodología del diseño total mostrado en la figura 12.1.

Figura 12.1 Metodología del diseño total.

Esta metodología se ejemplifica aplicada en el desarrollo de un componente (mesa de carga) usado en el proceso de rolado de un semieje el cual es un componente de una flecha homocinética [1]. La problemática por resolver es que se comprende la relación de la utilización del diseño hacia el enfoque de la manufactura 4.0. En el cual su hipótesis central es aplicar la metodología de diseño total incluyendo una simulación del prototipo para mostrar la secuencia didáctica de la solución de una problemática industrial [2]. En las siguientes secciones se muestra el desarrollo de cada etapa del diseño total mostrada en la figura 12.1.

12.1 Mercado y obtención de lista final de requerimientos del cliente

En esta etapa el objetivo es plasmar mediante una tabla los requerimientos que se requieren al diseñar un prototipo, los cuales son consultados de acuerdo a las necesidades del cliente con respecto a los recursos que se poseen. Una vez plasmados los requerimientos se asignó una prioridad basada en la clarificación de las ideas asignándose dos métricas, las cuales la primera es determinar si una necesidad es una demanda (prioritaria) o un deseo (necesidades secundarias que no dan valor agregado al cliente); la segunda métrica se enfocó a darle una categoría de nivel de importancia, en donde tres es muy importantes, dos importante y uno poco importante. Para esto se ejemplifico esta etapa en la solución de la problemática industrial mostrada en la tabla 12.1.

12.2 Especificaciones del diseño, clarificación de los requerimientos

En este paso se seleccionan las necesidades con demanda y con un criterio de muy importante para establecer en la realidad los valores objetivo para las medidas. Esto es útil para guiar las siguientes etapas de generación y selección de concepto, y para depurar las especificaciones después que se ha seleccionado el concepto del producto. Las medidas más útiles son aquellas que reflejan de la manera más directa posible el grado al que el producto satisface las necesidades del cliente. Para esto se le pide al diseñador que asigne una métrica a cada requerimiento del cliente para poder desarrollar conceptos más cercanos a la realidad y establecer soluciones más objetivas.

En la tabla 12.2 se muestra la tabla de los requerimientos del cliente, pero a su vez el desarrollo de una métrica para cada requerimiento y así observar el enfoque establecido de acuerdo al problema que se esté ejemplificando.

No.	Requerimientos del cliente	1º Criterio	2º Criterio
1	Que se posicione adecuadamente cada modelo de semieje en las placas de apoyo de la mesa de carga y descarga.	Demanda	3
2	Que la mesa de carga y descarga sea de fácil manejo para el operador.	Demanda	2
3	Que la mesa de carga y descarga tenga diferentes posiciones para las placas de apoyo.	Demanda	3
4	Que sea movible la mesa de carga y descarga.	Deseo	3
5	Que se ahorre tiempo en el ajuste de los tornillos de soporte de las placas de apoyo.	Demanda	3
6	Que los tornillos de la placa de apoyo de la mesa de carga y descarga proporcionen la posición horizontal de cada modelo del semieje.	Demanda	3
7	Que no se atoren las piezas de semieje con los baleros o con las placas de apoyo de la mesa de carga y descarga.	Deseo	3

Tabla 12.1 Necesidades del cliente

No.	Especificaciones del diseño	Métrica
1	Que se posicione adecuadamente cada modelo de semieje en las placas de apoyo de la mesa de carga y descarga. Ajustándose la mesa al tamaño de cada modelo del semieje.	La posición se medirá en cm y mm.
2	Que la mesa de carga y descarga sea de fácil manejo para el operador. Es decir, que sus dispositivos sean amigables para el operador.	Se elaborará una lista de las partes de la mesa.
3	Que la mesa de carga y descarga tenga diferentes posiciones para las placas de apoyo.	La posición se medirá en cm y mm
4	Que se ahorre tiempo en el ajuste de los tornillos de soporte de las placas de apoyo.	Se medirá por el tiempo de ajuste.
5	Que los tornillos de la placa de apoyo de la mesa de carga y descarga proporcionen la posición horizontal de cada modelo del semieje.	Se medirá mediante un nivel de burbuja que proporcione una adecuada posición
6	Que no se atoren las piezas de semieje con los baleros o con las placas de apoyo de la mesa de carga y descarga.	Mediante la distancia en mm para observar el límite de un mal acomodo

Tabla 12.2 Especificaciones de diseño. (Elaboración propia).

12.3 Diseño conceptual, desarrollo de conceptos mediante funciones del prototipo.

Esta sección se basó en la metodología de generación de conceptos [1] mostrada en la figura 12.2, para satisfacer la descripción precisa de un determinado prototipo. Para esto los conceptos se mostrarán en bosquejos con su respectiva descripción. El proceso de generación de conceptos empezó por las especificaciones de diseño, posteriormente se establecieron las funciones de del prototipo, que en este caso se siguió usando el ejemplo de aplicación, en el cual a la función principal del prototipo se obtuvieron las subfunciones para la creación de ideas de diseño. La combinación de las ideas dio como resultado el conjunto de conceptos del prototipo a solucionar.

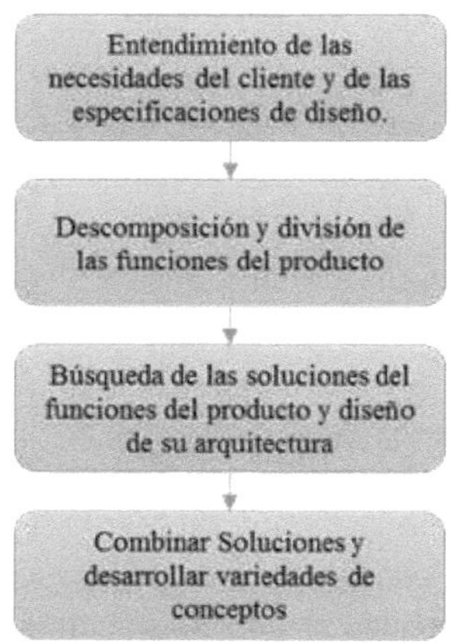

Figura 12.2 Proceso para la generación de conceptos[1].

Siguiendo estos pasos aplicados al desarrollo del prototipo para la aplicación de este se desarrolló el esquema de la función principal mostrado en la figura 12.3, este esquema ayuda a entender cuáles son las funciones secundarias para un mejor desarrollo de ideas y obtener varios conceptos para la determinación de la mejor solución [3].

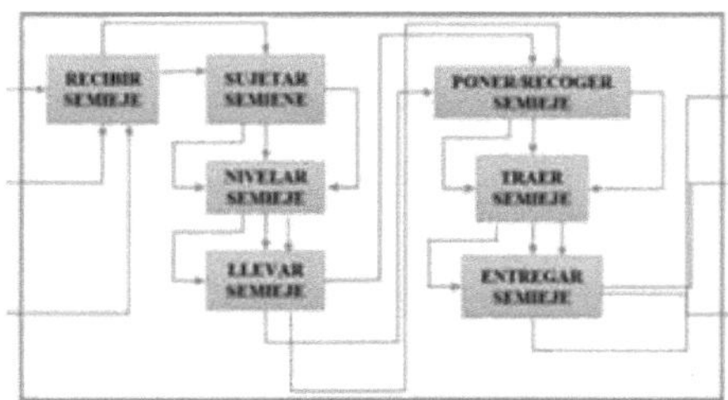

Figura 12. 3 Representación de las subfunciones aplicadas al desarrollo del prototipo de la mesa de carga.

En la figura se observa que para lograr obtener ideas de diseño es necesario tener en cuenta las diferentes subfunciones que desempeña el prototipo de aplicación, en este caso enfocado al desarrollo de la mesa de carga y descarga. Con el desarrollo de cada idea de fabricación, se prosiguió al desarrollo de cada concepto, este a su vez se le realizó una evaluación con respecto a las especificaciones del cliente y se desarrolló su concepto final mostrado en la figura 12.4 y figura 12.5, donde se muestra la vista frontal y la vista lateral respectivamente en el prototipo, en el cual la característica del prototipo es: la mesa de carga contiene barras de medición con diferentes escalas para su ajuste a cada modelo, así como, una regla de medición. La placa de apoyo cuenta tornillos de ajuste de porta rodillos además estos tornillos tiene un dispositivo de ajuste estándar para cada modelo y el semieje cuenta con dos rodillos magnéticos de ajuste.

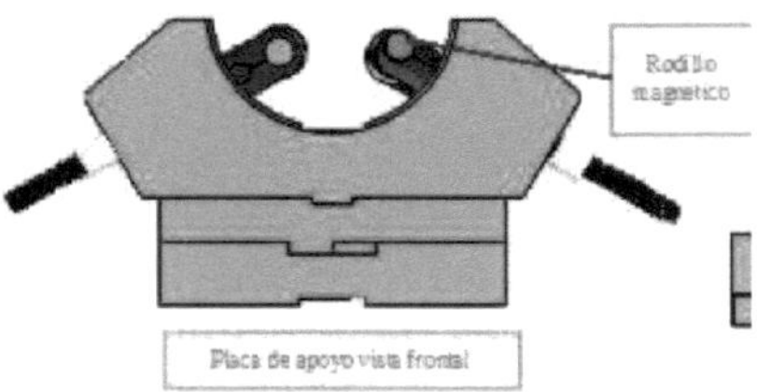

Figura 12.4 Vista frontal del concepto de la mesa de carga.

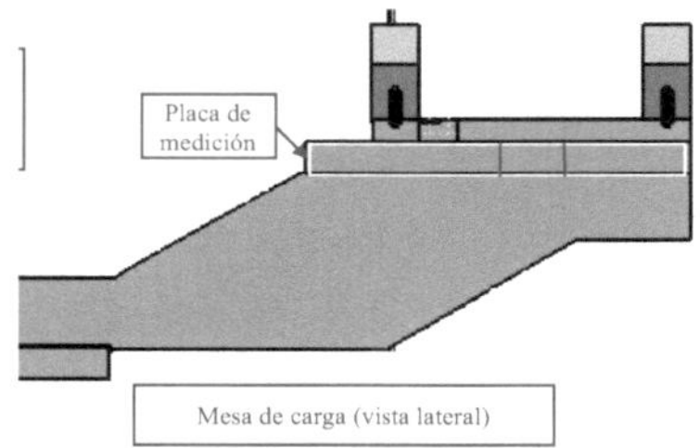

Figura 12.5 Vista lateral del concepto de la mesa de carga.

Obsérvese que es de suma importancia la relación de ideas de diseño con respecto al cumplimiento de cada subfunción, por lo tanto, para el diseño debe de darse a la tarea de implementar herramientas de creatividad para el desarrollo de cada solución a cada subsunción, así como tener alternativas de las mismas soluciones.

12.4 Diseño detallado

En el desarrollo de esta etapa se basó principalmente en la realización de los planos y dibujos del concepto ganador, por lo tanto, se enfocó en crear la forma del prototipo completando su proceso de desarrollo al hacer dibujos de control o modelos de control del concepto final.

Los dibujos detallados tienen gran importancia, pues proporcionan información valiosa para llevar a cabo la etapa de manufactura del producto, los cuales funcionan como la entrada al siguiente capítulo de este proyecto. La lista de partes también es fundamental, pues permite llevar el control de las partes que conforman el producto, puede ser tan extensa como se requiera y también puede contener información de costos, sub ensambles, fechas de elaboración, transferencia o de compra. También deben mostrar las tolerancias y detalles que se le deben realizar al concepto, también se generarán la lista de partes finales y ayuda para establecer el proceso de simulación y así poder llegar a la manufactura del proceso. Dentro de la secuencia didáctica el diseñador debe de entender que una vez teniendo el concepto de diseño deberá validarlo con el cliente mediante su aprobación y así poder establecer las tolerancias de diseño para pasar a la manufactura [4]. En el concepto se debe de dividir en sus componentes y establecer un plano de fabricación para cada componente, sin embargo, en la aplicación que se está desarrollando solo se muestra el plano del componente que ayudo a la mejora del proceso mostrado en la figura 12.6, el cual es un esparrago estandarizado al modelo del semieje.

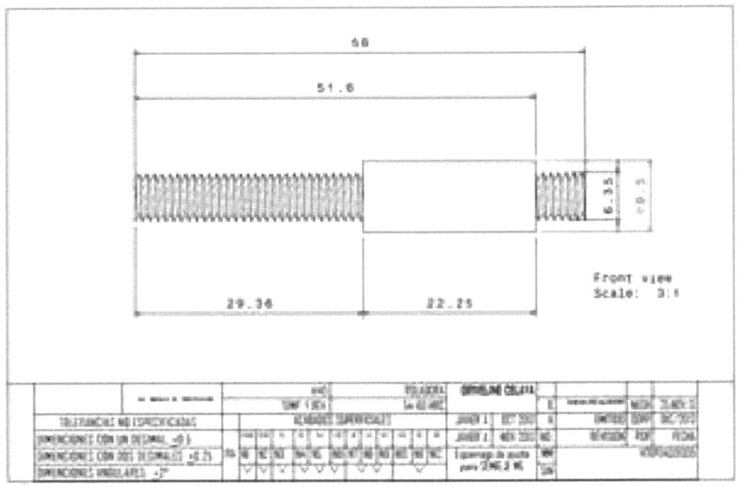

Figura 12.6 Plano del esparrago de apoyo para el modelo M5.

En este apartado se omiten mostrar la lista de componentes de la mesa de carga, esto para protección de propiedad industrial de la empresa que brindo la aplicación de esta metodología a la problemática dada en el proceso de rolado.

12.5 Aplicación de la manufactura 4.0 en la simulación y desarrollo de la manufactura del prototipo

Dentro de la manufactura 4.0 es de vital importancia que todo prototipo pase a una simulación, esto para corroborar que los parámetros están correctamente establecidos, también para evaluar si se requiere algún cambio en el diseño detallado, sea una medida o un tipo de material.

Esta última etapa capítulo se enfocó en la aplicación de la simulación del prototipo para su posterior manufactura El diseño para manufactura es la parte más integradora en el desarrollo de productos; pues utiliza información de varios tipos, desde los bosquejos, dibujos, especificaciones del producto y alternativas de diseño, hasta la comprensión detallada de procesos de producción y ensamble, esto a su vez enfocado a una simulación asistida por computadora.

Una vez teniendo los planos de diseño, el diseñador se deberá enfocar en la utilización de un software de simulación que permita establecer decisiones correctas y predecir el funcionamiento adecuado antes de que se manufacture un prototipo.

La simulación del prototipo se desarrolló en el software CATIA ® y en donde se observó a detalle si era viable el prototipo. En las figuras 12.7, 12.8 y 12.9 se muestras las diferentes vistas para la validación del prototipo.

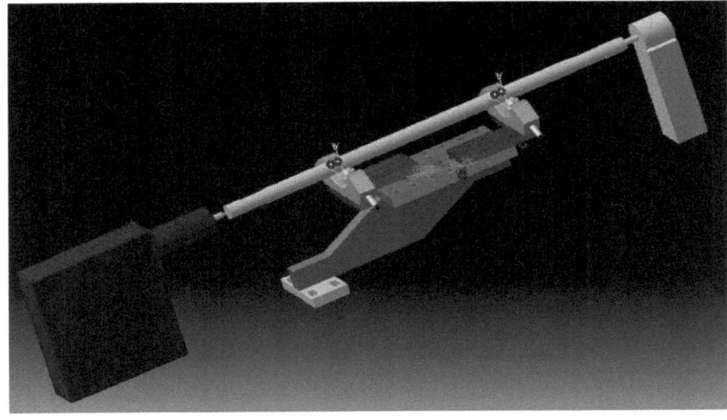

Figura 12.7 Simulación del ajuste de semieje (vista 3D).

Figura 12.8 Simulación del ajuste de semieje, vista de portar rodillos "lado derecho".

Figura 12.9 Simulación del ajuste de semieje, vista de portar rodillos "lado izquierdo".

Por último al observar y tener una validación satisfactoria el diseñador ahora si se debe enfocar en la manufactura del prototipo, y puede ocupar herramientas de manufactura aditiva o impresión en 3D, esta etapa final se describe para trabajos futuros, pues se deben de desarrollar varios factures enfocados a este proceso.

12.6 Resultados

Resultados de mercado. En esta etapa se generaron los requerimientos del cliente y se clasificaron con respecto a su demanda y deseo, así como, su nivel de importancia. Con esta relación se obtuvo la información necesaria para dar la entrada al capítulo de especificaciones del diseño. La información de los requerimientos del cliente ayudara a identificar las especificaciones de diseño de la mesa de carga y descarga. Se observa que el objetivo es mostrar la importancia de seleccionar entre una prioridad de diseño y una necesidad secundaria que no influye en el diseño.

Resultados de especificaciones de diseño. En este capítulo podemos observar los requerimientos del cliente en forma más específica, lo que permite que se pueda continuar con el desarrollo del proyecto. Cabe mencionar que la tabla 12.2 de las especificaciones de diseño, contiene los requerimientos del cliente en un lenguaje técnico. Esto ayuda al desarrollo de las etapas posteriores, puesto que clarifica una medición.

Resultados de desarrollo de conceptos. Esta etapa mostro que el desarrollo de conceptos de la mesa de carga cumple con los requerimientos del cliente, esto a su vez genero diferentes conceptos y se evaluaron destacandose las características de los conceptos ganadores, mostrado en las figuras 12.4 y 12.5. También se muestra que con un esquema de generación de subsunciones es una herramienta útil para clarificar ideas de diseño y a su vez aterrizar el enfoque de la solución de la problemática.

Resultados del diseño detallado. De acuerdo a la aplicación didáctica *se mostró al diseñador que cada componente debe estar clarificado a* detalle, así para poder estandarizar a la implementación de la simulación y al desarrollo del prototipo.

Resultados de la aplicación de la manufactura 4.0 en la simulación y desarrollo de la manufactura del prototipo. En esta etapa se presentaron la simulación del prototipo y en la aplicación por razones de privacidad de la empresa, el prototipo se diseñó de acuerdo a medidas aproximadas. En lo referente a la secuencia didáctica del proceso se muestra al diseñador que es esencial la utilización de la simulación de la manufactura 4.0 para la validación de los procesos. La manufactura y realización de pruebas no se pudieron llevar a cabo en el proceso de producción en tiempo real debido a razones de paro de producción, pero con la misma simulación se pueden desarrollar en trabajos futuros la aplicación hacia la manufactura en impresión en 3D.

Agradecimientos

Se agradece a la Universidad Tecnológica de Salamanca por el apoyo mostrado en la asignación de recursos, oportunidades y tiempo brindado en el desarrollo de investigaciones y fortalecimiento al cuerpo académico de la carrera de procesos industriales área automotriz.

12.7 Bibliografía

1. Otto, K. N., & Wood, K. L., Product design. New Jersey: Prentice Hall(2001).
2. Hernández Garnica, C., & Maubert Viveros, C. A., Fundamentos de marketing. Mexico DF: Pearson(2009).
3. L Loveras, J., Revista creatividad y sociedad (2007).
Recuperado el Octubre de 2013, de http://www.creatividadysociedad.com/articulos/14/Creatividad%20y%20Sociedad.%20Creatividad%20en%20el%20diseno%20conceptual%20de%20ingenieria%20de%20producto.pdf
4. Jensen, C., Helsel, J. D., & Short, D. R., Dibujo y diseño en ingeniería (Segunda ed.). México D.F., México: Mc Graw Hill (2004).

CÁPITULO 13. ESTANDARIZACIÓN DE UN SISTEMA AUTOMÁTICO DE MONITOREO Y CONTROL DE TEMPERATURA DE MOLDE COMO FACTOR PARA EL AUMENTO DE LA PRODUCTIVIDAD

MORENO VÁZQUEZ, Pedro, Universidad Tecnológica de Calvillo. Carretera al Tepetate N° 102 Colonia El Salitre, Calvillo, Aguascalientes. México. CP 20800

13.1 Introducción

La presente investigación surge con la finalidad de estandarizar el sistema automático de monitoreo de temperatura instalado en robots spray de máquinas de moldeo, ya que la mayoría del personal no cuenta con la capacitación o información necesaria para manejar las funciones de la cámara y de sus monitores. La intención de este proyecto se centra en la calidad de los productos, existe la necesidad de controlar el monitoreo de las cámaras termográficas instaladas en los robots de manera continua, actualmente existen 28 máquinas de moldeo dentro de la empresa, caracterizadas por el tonelaje de presión que maneja cada una de ellas. La instalación de robots con cámara termográfica es una herramienta que ayuda en el aumento de la calidad de los productos y reduce el tiempo que invierte el personal de ingeniería de fundición en tomar termografías de forma manual. Esto se debe a que se toman fotografías termográficas de forma manual en las máquinas que no cuentan con esta actualización (robot con cámara termográfica), por tal motivo, se invierte tiempo del personal para operar la máquina a la cual se va a realizar el análisis, caso contrario a las máquinas que ya cuentan con una cámara termográfica, las cuales se activan automáticamente en cada ciclo de moldeo.

El principal problema que se presenta con este mecanismo de trabajo, es la falta de capacitación para manejar el equipo termográfico, ya que no todo el personal está capacitado para manipularlo, hecho que no permite aprovechar al máximo las ventajas de este sistema de trabajo. La estandarización del sistema automático de monitoreo se pretende llevar a cabo mediante la realización de hojas de operación estándar (HOE´s) con apoyo visual que permite facilitar al personal el entendimiento del uso del equipo de termografía. Además de generar programas para cada uno de los modelos que se trabajan en las máquinas que cuentan con el equipo termográfico, con el fin de llevar un control de temperatura de los puntos críticos del molde.

13.2 Fundamentos Teóricos

La Termografía es una técnica que estudia el comportamiento de la temperatura de las máquinas con el fin de determinar si se encuentran funcionando de manera correcta. La energía que las máquinas emiten desde su superficie viaja en forma de ondas electromagnéticas a la velocidad de la luz; esta energía es directamente proporcional a su temperatura, lo cual implica que a mayor calor, mayor cantidad de energía emitida. Debido a que estas ondas poseen una longitud superior a la que puede captar el ojo humano, es necesario utilizar un instrumento que transforme esta energía en un espectro visible, para poder observar y analizar la distribución de esta energía [1].

13.2.1 Principio de la Termografía

Todos los cuerpos cuya temperatura excede el cero absoluto (0°K o -273°C) emiten una radiación térmica que el ojo humano no alcanza a percibir. La magnitud de dicha radiación está relacionada directamente con la temperatura del objeto. Mientras más caliente se encuentre un cuerpo, más energía infrarroja emitirá. La energía infrarroja no se puede ver, pero con el desarrollo de la tecnología, ya existen equipos especializados en captar esta energía y transformarla en imágenes visibles que permiten determinar la temperatura de los objetos [2].

13.2.2 Cámara Termográfica

Es un equipo que mide la radiación térmica de los cuerpos y la convierte en una imagen visible de varios colores los cuales están establecidos por su temperatura. Generalmente, estas cámaras manejan longitudes de onda entre 8 μm y 15 μm. En la Figura 13.1 se muestra una cámara termográfica utilizada para determinar el comportamiento de la temperatura en un motor reductor empleado en un proceso de manufactura [2].

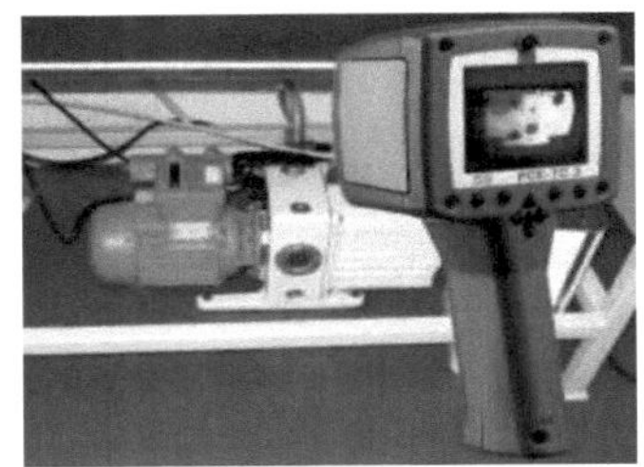

Fig. 13.1. Cámara Termográfica

13.3 Fundición

La fundición es el proceso de producción de un objeto metálico por vaciado de un metal fundido dentro de un molde y que luego es enfriado y solidificado. Desde tiempos antiguos el hombre ha producido objetos de metal fundido para propósitos artísticos o prácticos. Con el crecimiento de la sociedad industrial, la necesidad de fundición de metales ha sido muy importante. El metal fundido es un componente importante de la mayoría de maquinarias modernas, vehículos de transporte, utensilios de cocina, materiales de construcción, objetos artísticos y de entretenimiento. También está presente en otras aplicaciones industriales tales como herramientas de trabajo, maquinaria de manufactura, equipos de transporte, materiales eléctricos y electrónicos, objetos de aviación etc. La mejor razón de su uso es que puede ser producida económicamente en cualquier forma y tamaño [3].

13.2.1 Moldeo y tipos de fundición

Moldeo en arena verde. Consiste en la elaboración del molde con arena húmeda y colada directa del metal fundido. Es el método más empleado en la actualidad, con todo tipo de metales y para piezas de tamaño pequeño y medio. No es adecuado para piezas grandes o de geometría compleja, ni para obtener buenos acabados superficiales o tolerancia reducida.

Moldeo en arena seca. Antes de la colada, el molde se seca a elevada temperatura (entre 200 y 300°C). de este modo se incrementa la rigidez del molde, lo que permite fundir piezas de mayor tamaño, geometrías más complejas y con mayor precisión dimensional y mejor acabado superficial.

Moldeo mecánico. Consiste en la automatización del moldeo en arena verde. La generación del molde mediante de prensas mecánicas o hidráulicas, permite obtener moldes densos y resistentes que subsanan las deficiencias del moldeo tradicional en arena verde.

Moldeo a la cera perdida o microfusión.
En este caso, el moldeo se fabrica en cera o plástico. Una vez obtenido, se recubre de una serie de dos capas, la primera de un material que garantice un buen acabado superficial, y la segunda de un material refractario que proporcione rigidez al conjunto. Una vez que se ha completado el molde, se calienta para endurecer el recubrimiento y derretir la cera o el plástico para extraerlos del molde en que se verterá posteriormente el metal fundido. Este método tiene dos ventajas principales, la ausencia de machos y de superficies de junta, con lo que se logran fieles reproducciones del moldeo original sin defectos superficiales (líneas de junta y rebabas) que luego haya que pulir [3].

13.2.2 Inyección de Aluminio

Proceso que consiste en forzar o inyectar aluminio fundido hacia un molde permanente, también denominado dado, dichos moldes o dados, tienen una cavidad de la pieza deseada, considerando la contracción del mismo. Los moldes pueden o no contener corazones y botadores para separar las partes del molde y que quede la pieza deseada en aluminio. El proceso de Die Casting o Fundición por Inyección es usado cuando los tirajes o demandas son continuas y grandes, ya que el tiempo de ciclo promedio en Die Casting oscila entre 15 y 60 segundos, dependiendo del gramaje de la pieza, a su vez cada inyectada o golpe debe amortizar el precio del molde, ver figura 13.2 [4].

Fig. 13.2. Máquina de inyección de aluminio

13.2.3 Proceso de inyección de aluminio

El proceso de inyección en matriz o dados, desarrollado a principios de los años de 1900, es un ejemplo adicional de la fundición en molde permanente. La presión ejercida sobre el metal líquido para este proceso se mide en Mega Pascales (Mpa). El metal fundido es forzado dentro de la cavidad de la matriz o dado a presiones que van de 0.7 Mpa-700 MPa (0.1 ksi-100 ksi). Las piezas típicas que se fabrican mediante la inyección en matriz son componentes para motores, máquinas para oficinas y enseres domésticos, herramientas de mano y juguetes. El peso de la mayor parte de las piezas fundidas va desde menos de 90 g, que es equivalente a 3

Onzas (Oz) a aproximadamente 25 kg que es equivalente a 55 libras (lb). Existen dos tipos básicos de máquinas de inyección en matriz: las de cámara caliente y las de cámara fría [4].

13.2.4 Proceso de cámara caliente

El proceso de cámara caliente involucra el uso de un pistón, que atrapa cierto volumen de metal fundido y lo obliga a pasar la cavidad de la matriz de vaciado a través de un cuello de cisne y una tobera. Las presiones de inyección son de hasta 35 MPa (5000 psi) con un promedio de aproximadamente 15 MPa (2000 psi). El metal se mantiene a presión hasta que solidifica en matriz de vaciado. Para mejorar la vida de la matriz y ayudar con un rápido enfriamiento del metal (reduciendo por tanto el tiempo ciclo de colada), las matrices de vaciado usualmente son enfriados por agua o aceite en circulación a través de varios canales en el interior de la matriz colada. Los tiempos del ciclo van desde 200 a 300 inyecciones (individuales) por hora para el zinc, aunque componentes muy pequeños como los dientes de cierres de cremallera se pueden fundir a una velocidad de 18000 inyecciones por hora, ver figura 13.3. Mediante este proceso usualmente se funden aleaciones de bajo punto de fusión como las del zinc, magnesio, estaño y plomo [5].

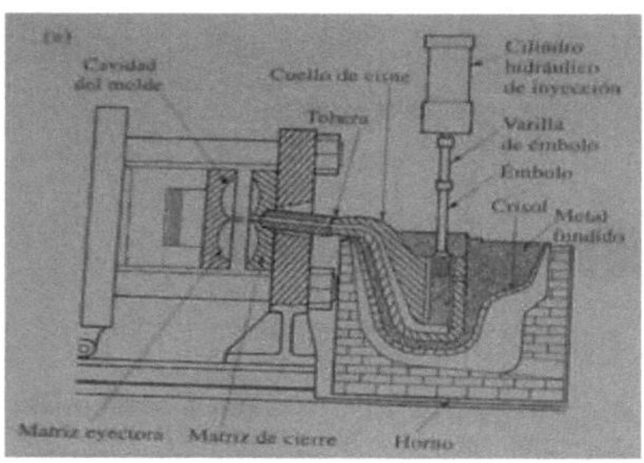

Fig. 13.3. Proceso de inyección en matriz de cámara caliente.

13.2.5 Proceso de cámara fría

En el proceso de cámara, el metal fundido se vacía en el cilindro de inyección (cámara de inyección). La cámara de inyección no es calentada, de ahí el termino cámara fría. El metal fundido es forzado en la cavidad de la matriz de vaciado a presiones en un rango usualmente de 20 MPa a 70 Mpa (3 ksi a 10 ksi), aunque pueden ser tan altas como 150 MPa (20 ksi). Las máquinas pueden ser horizontales o verticales, en cuyo caso la cámara de inyección es vertical y la máquina es similar a una prensa vertical. Las aleaciones de alto punto de fusión como el aluminio, magnesio y cobre normalmente se funden utilizando este método, aunque también otros metales se pueden colar de esta manera, incluyendo metales ferrosos (ver Fig. 13.4). Las temperaturas de metal fundido van desde los 600°C (1150°F) para el aluminio y ciertas aleaciones de magnesio, y aumenta de manera considerable para aleaciones de cobre y hierro [5].

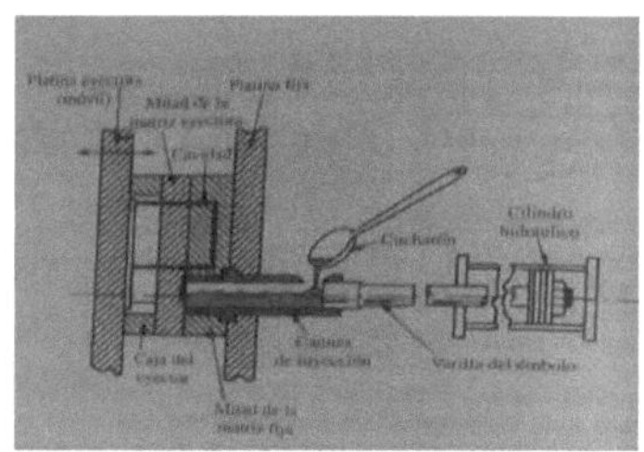

Fig. 13.4. Proceso de inyección en matriz de cámara fría.

13.2.6 Molde

El molde (también llamado herramienta) es la parte más importante de la máquina de inyección, ya que es el espacio donde se genera la pieza; para fabricar un producto diferente, simplemente se cambia el molde, al ser una pieza intercambiable que se atornilla en la unidad de cierre.

Las partes del molde son:

- Cavidad: Es el volumen en el cual la pieza será moldeada.
- Canales o ductos: Son conductos a través de los cuales el polímero fundido fluye debido a la presión de inyección. El canal de alimentación se llena a través de la boquilla, los siguientes canales son los denominados bebederos y finalmente se encuentra la compuerta (o punto de inyección).
- Canales de enfriamiento: Son canales por los cuales circula agua para regular la temperatura del molde. Su diseño es complejo y específico para cada pieza y molde, ya que de un correcto enfriamiento depende que la pieza no se deforme debido a contracciones irregulares.

- Barras expulsoras: Al abrir el molde, estas barras expulsan la pieza moldeada fuera de la cavidad, pudiendo a veces contar con la ayuda de un robot para realizar esta operación [5].

13.3 Termografía

13.3.1 Principios básicos de la termografía

Todos los materiales que estén a una temperatura por encima del cero absoluto (0 K -273°C) emiten energía infrarroja. La energía emitida en la banda infrarroja se convierte en una señal eléctrica por el detector (microbolómetro), esta señal se convierte en una imagen en blanco y negro o color. El principio básico se describe a continuación.

13.3.2 Radiación infrarroja

La radiación infrarroja es una forma de radiación electromagnética como las ondas de radio, las microondas, rayos ultravioletas, rayos gamma, la luz visible, entre otros(ver Fig. 13.5). Todas estas formas de radiación en conjunto dan lugar al espectro electromagnético. Tiene en común que todas ellas emiten energía en forma de ondas electromagnéticas y se propagan a la velocidad de la luz.La radiación infrarroja se define como aquella que tiene una longitud de onda entre 0,78 y 1000 micras (µm). Los rayos infrarrojos se subdividen en función de la proximidad de longitud de onda a la luz visible como cercanos, medios o lejanos [6].

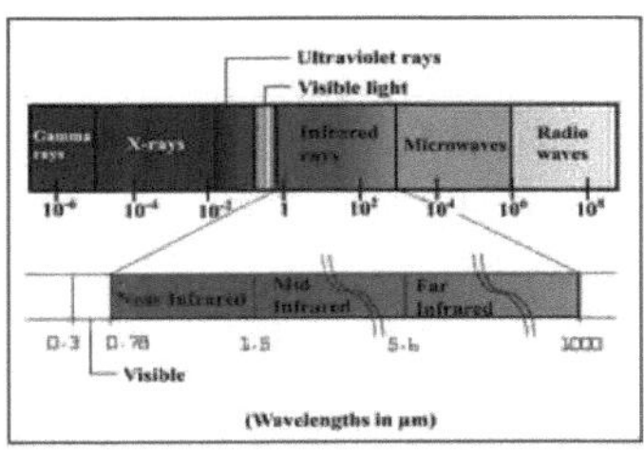

Fig. 13.5. Longitud de onda en micras Cortesia Wikipedia.

Las cámaras termográficas que se emplean en la industria funcionan todas en la banda de infrarrojos medios (son las que detectan los llamados microbolómetros no refrigerados). Las cámaras termográficas detectan la radiación infrarroja invisible que emiten los objetos y lo transforma en una imagen dentro del espectro visible en la que la escala de colores (o grises) refleja las distintas intensidades. La intensidad de la radiación infrarroja es función de la temperatura, pero no sólo de ella, influyen también las características superficiales del objeto, el color y el tipo de material. En un principio las cámaras termográficas dan un valor de temperatura para cada punto, sin tener en cuenta que, para la misma temperatura, dos materiales pueden irradiar energía infrarroja con intensidades muy diferentes. A continuación en la Fig. 13.6 se muestra un ejemplo muy gráfico, una taza metálica con un celo que están a la misma temperatura, sin embargo, el celo y el metal de la taza emiten energía infrarroja con intensidades muy diferentes, esto se puede observar en la Fig. 13.7 [6].

Fig. 13.6. Taza metálica con cinta adhesiva.

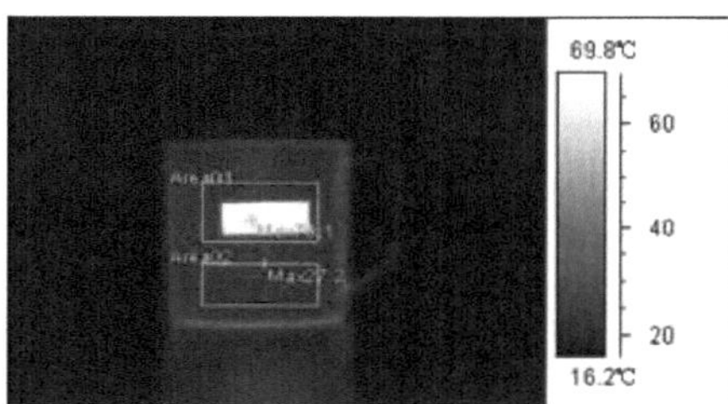

Fig. 13.7. Vista con cámara termográfica.

13.4 Planteamiento del problema

El presente trabajo se desarrolla con la finalidad de estandarizar el proceso de monitoreo automático de temperatura de moldes para que el personal que no está completamente capacitado o incluso que no tiene conocimiento del proceso, pueda realizar las funciones que le sean encomendadas respecto al equipo termográfico. Se pretende desarrollar HOE´s correspondientes al uso del equipo de monitoreo de temperatura (thermoviewer), y establecer un control de temperatura en los moldes con base en los puntos críticos señalados por el personal de Ingeniería de fundición.

13.4.1. Desarrollo del proyecto

Antes de iniciar las actividades de la investigación, es importante que todo el personal complete las dos actividades previas:

a) Conocimiento y capacitación de las medidas de seguridad laboral: Antes de introducir a una persona dentro de la organización, independientemente del área a la que será dirigida se le da una capacitación que tiene una duración aproximada de 8 horas.
b) Integración al departamento de ingeniería de fundición: Es importante mencionar que no todo el personal de ingeniería de fundición está capacitado para usar el equipo termográfico. Una vez dentro del equipo de trabajo de ingeniería de fundición, el personal ingresa con actividades de apoyo, siendo importante que el personal trabaje en las áreas de maquinado y moldeo.

Esta investigación se llevó a cabo mediante el método propuesto por Roberto Hernández Sampieri, como diseño cuasiexperimental de tipo prueba-posprueba con grupos de control. La investigación es en campo, se recolecta la información necesaria para realizar las inferencias pertinentes.

El procedimiento que se siguió, de manera general, incluye los siguientes pasos:

1.- Obtención de la información mediante una prueba piloto del control de temperatura de molde de un robot de spray de moldeo, con el fin de observar su comportamiento y resultados.

2.- Analizar los resultados de la prueba piloto para encontrar diferencias en metodologías de trabajo y resultados.

3.- Modificar rutinas de trabajo en caso de ser necesario.

4.- En este apartado se analizan los datos obtenidos en la estandarización de un sistema automático de monitoreo y control de temperatura de molde, con el principal objetivo de determinar si su implementación beneficia o no significativamente el aumento de la productividad del robot spray de moldeo.

Las variables utilizadas se midieron de la siguiente manera:

- Piezas de fundición: Se categorizan y registran las piezas defectuosas del área de maquinado y fundición. Registrando en número de piezas buenas y piezas defectuosas, con el fin de obtener el valor porcentual de cada una de ellas.
- Productividad: Los estándares de producción son la forma de medir esta variable en el estudio, tomando como unidad de medida las piezas fabricadas por hora contra las piezas que están planeadas fabricar.
- Registro de paros de Ingeniería: Registrar el tiempo de paro y la causa que lo origina.

5.- Se trataron estadísticamente los datos con el paquete de cómputo Statgraphics 18 Centurion para determinar si existía correlación entre el aumento de la productividad y una buena estandarización de un sistema automático de monitoreo y control de temperatura de molde un robot spray de moldeo.

6.- Se elaboran las hojas de operación estándar para documentar la actividad de la cámara termográfica, estandarizar la metodología de trabajo para crear y/o cargar un programa, crear puntos de medición, determinando con esto si había un efecto significativo en los niveles de producción y disminución de las piezas defectuosas.

7.- Se concentraron los resultados encontrados.
8.- Establecimiento de conclusiones.

13.5. Resultados

Al momento de registrar la información en planta, los datos del pizarrón en ocasiones no eran legibles, o se veía muy saturada la información debido a que en algunas líneas maquinan 2 modelos diferentes y el espacio para plasmar los datos no es suficiente, como respuesta a este problema, se modificó el tablero de información (ver Fig. 13.8).

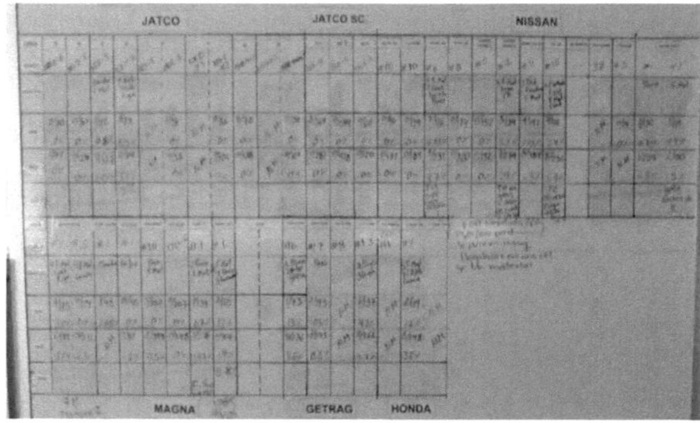

Fig. 13.8. Pizarrón JPH del departamento de ingeniería de fundición modificado.

Los registros de paros de Ingeniería se llevan a cabo en el área de moldeo, verificando la bitácora mostrada en la Fig. 13.9 de cada máquina, para veriricar si hay o no hay paros por problemas de ingeniería.

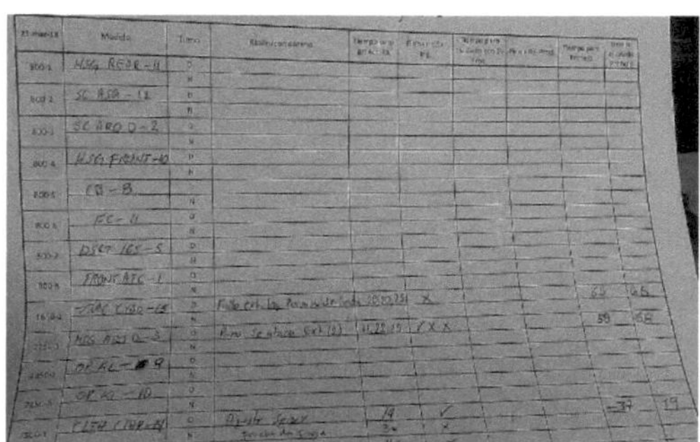

Fig. 13.9. Registro de paros de ingeniería.

Para la operación del robot, es importante que los operadores conozcan la ubicación de las partes principales y las funciones del mismo. La cámara termográfica se encarga de almacenar y analizar la energía térmica radiada por cada uno de los moldes (fijo y móvil), principalmente en la parte de la impresión (forma de la pieza). La cámara termográfica está ubicada en la parte superior del cassette de spray y algunas de sus funciones son crear programas con zonas (áreas, líneas, puntos) específicas para llevar a cabo el monitoreo de temperatura y por supuesto desarrollando un control. Después se procedió a conocer la ubicación de la cámara y los monitores termográficos en los cuales se muestran las temperaturas obtenidas (ver Fig. 13.10).

Fig. 13.10. Robot pulverizador (spray).

Para llevar a cabo la verificación del funcionamiento correcto de cámara termográfica, se realiza por lo menos 2 veces al día la rutina de inspección para estar 100% seguros de que la cámara está funcionando bien, que las fotos se estén guardando en cada ciclo y sobre todo que los puntos críticos estén dentro de los rangos establecidos mediante los monitores de la cámara termografica mostrados en la Fig. 13.11.

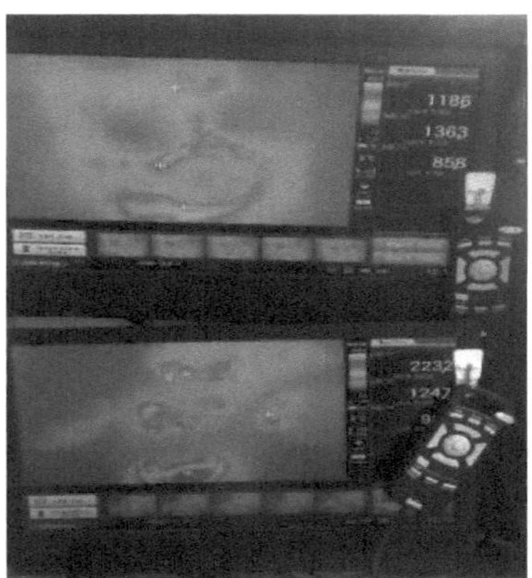

Fig. 13.11. Monitores de cámara termográfica.

Si la cámara no es desactivada del panel de robot spray y se usa en forma manual mientras la máquina de moldeo está funcionando, el robot spray se alarma debido a que se interrumpe la comunicación entre el panel de control y el robot spray, ocasionando que la maquina pare de moldear (ver Fig. 13.12). El desarrollo de las hojas de operación estándar (HOE) mostrada en la Fig. 13.13 y Fig. 13.14, describe de una manera gráfica y estructurada la metodología de trabajo y menciona los puntos críticos del mismo.

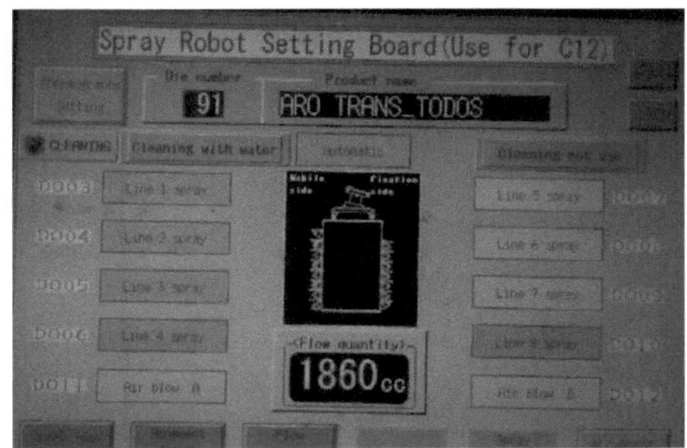

Fig. 13.12. Pantalla del panel de control robot spray.

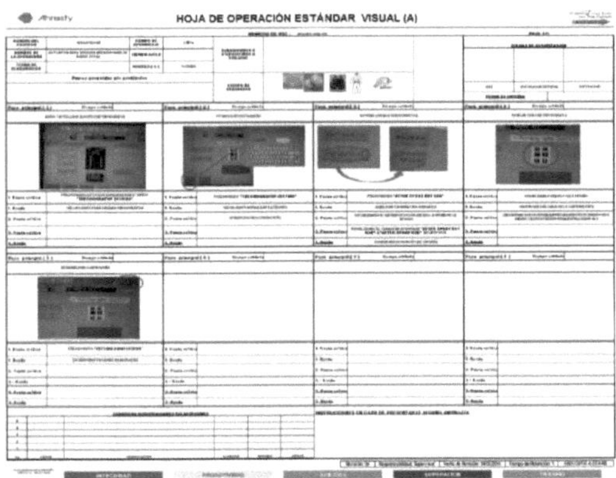
HOJA DE OPERACIÓN ESTÁNDAR VISUAL (A)

Fig. 13.13. HOE para activar cámara termográfica en el panel de robot spray.

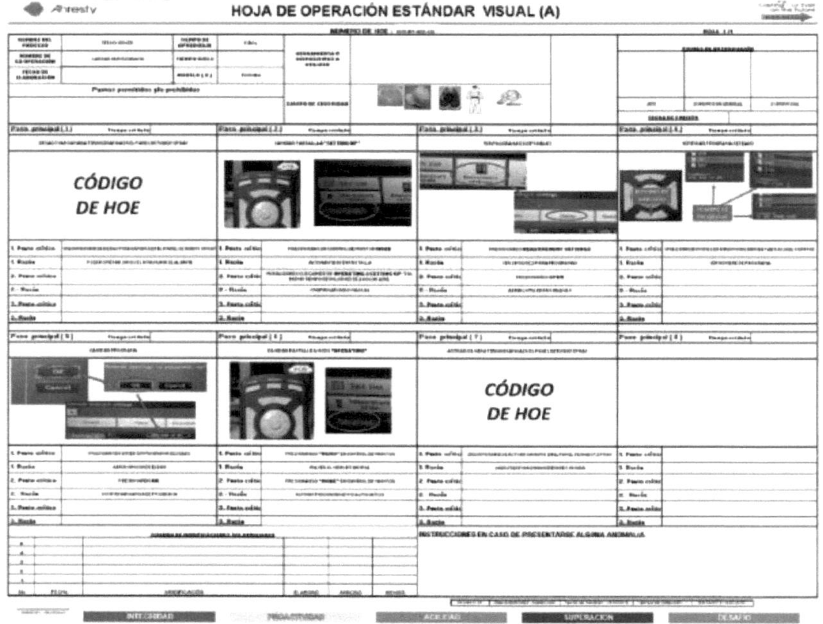

Fig. 13.14. HOE para cargar un programa.

13. 6 Conclusiones

Con esta investigación que se llevó a cabo en una empresa de fundición y maquinado de aluminio, se tuvo la oportunidad de conocer los procesos con mayor cantidad de paros no programados y producto no conforme generado en las diferentes etapas del sistema de producción, en los cuales se selecciona el proceso con mayor problemática de calidad. Sin perder de vista que la investigación desde su inicio planteó si una buena estandarización de un sistema automático de monitoreo y control de temperatura de molde si beneficia significativamente al nivel de productividad un robot spray de moldeo. La prueba piloto ejecutada corrobora que la hipótesis nula se rechaza y se acepta la hipótesis alternativa, lo cual significa que una buena estandarización de un sistema automático de monitoreo y control de temperatura de molde si beneficia significativamente al nivel de productividad un robot spray de moldeo. Al término de la presente investigación, trabajo, el 100% del personal operativo recibió capacitación al sobre el uso de las maquinas termográficas. Gracias a la elaboración de las HOE, cualquier persona del departamento puede desarrollar alguna de las actividades principales como lo son back up, crear programas, colocar herramientas de medición, etc., y al mismo tiempo adquirir la experiencia equivalente al 60% de conocimiento sobre el equipo termográfico (Fig. 13.15).

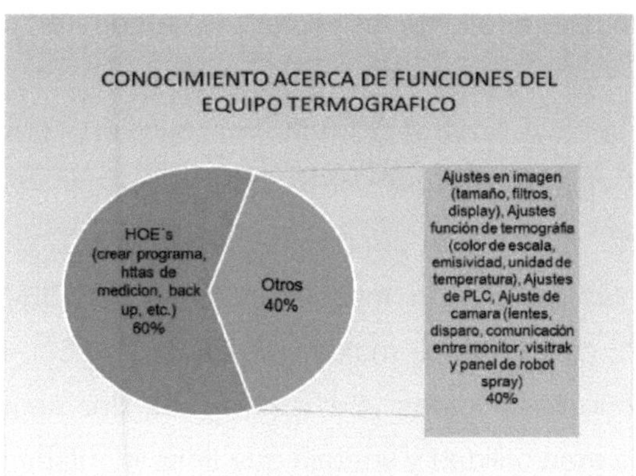

Fig. 13.15. Conocimiento adquirido al utilizar las HOE´s

Otro punto crítico que disminuyo es el margen de error existente entre el chequeo de puntos críticos con respecto de la forma manual al uso y estandarización de herramientas en los monitores automáticos, actualmente esta ventaja está limitada porque solo el 14% de las máquinas de moldeo cuentan con cámara termográfica (Ver Fig. 13.16), las HOE serán de utilidad para estandarizar el monitoreo en cada máquina cuando sea actualizada con el equipo termográfico.

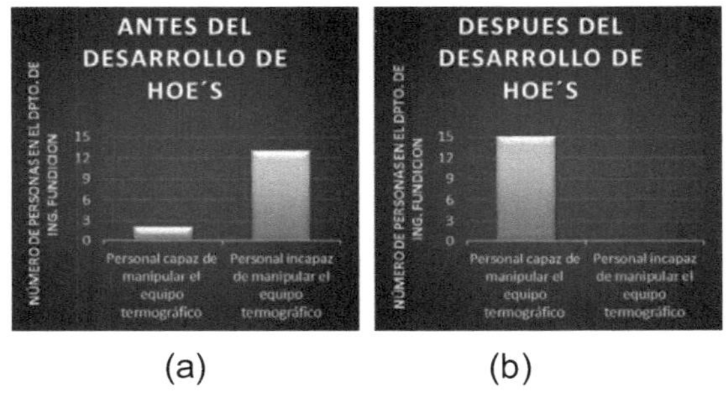

(a) (b)

Fig. 13.16. Desarrollo de las HOE´s. (a) Antes. (b) Después.

Además, se comenzó a llenar un formato master con el fin de establecer la temperatura de operación adecuada de los puntos críticos de los 2 modelos montados durante el periodo de residencia. Solo se montaron 2 modelos diferentes ya que la maquina 1250-1 y 1250-2 solo moldean LADDER FRAME con diferente molde, y la 2500-5 y 2500-6 TRANS CASE también con diferentes moldes. Se recomienda dar seguimiento a este punto debido a la gran utilidad y ventaja que tiene el mismo.

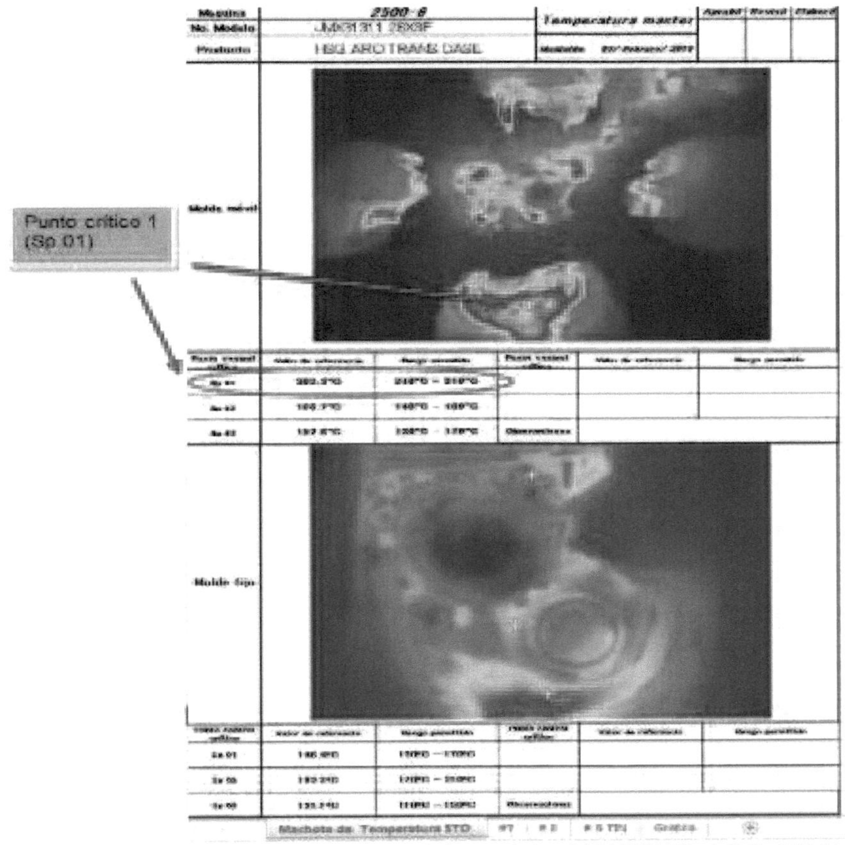

Fig. 13.17. Master de temperatura del modelo HOUSING ARO TRANS CASE.

En la fig. 13.17 se pueden observar dos termografías, una corresponde al molde móvil y la otra al molde fijo, cada una tiene sus puntos críticos y una tabla que contiene la temperatura de referencia (temperatura obtenida al momento de la captura de la termografía) y el rango permitido que define si la temperatura de operación es adecuada o no lo es en cada uno de los puntos críticos. Las zonas críticas son las zonas donde los defectos aparecen más y es de suma importancia evitar la aparición de estos en esos lugares.

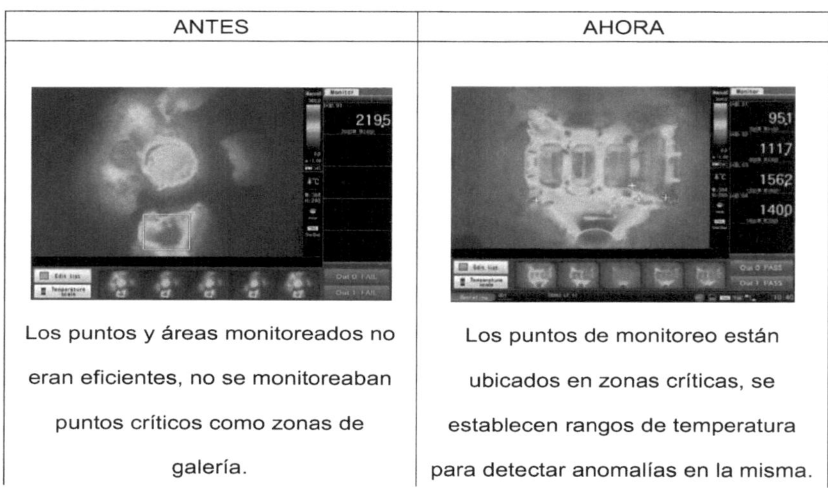

ANTES	AHORA
Los puntos y áreas monitoreados no eran eficientes, no se monitoreaban puntos críticos como zonas de galería.	Los puntos de monitoreo están ubicados en zonas críticas, se establecen rangos de temperatura para detectar anomalías en la misma.

Fig. 13. 18. Comparación del monitoreo. (izquierda) Método anterior. (derecha) Método actual.

Gracias al uso eficiente de las herramientas de medición, se contribuyó a la detección de anomalías en la temperatura con mayor rapidez, ver Fig. 13.18. El tiempo de detección disminuyo y gracias a eso se contribuyó a la reducción de aparición de defectos como poro y grieta, que se da por un aumento de temperatura. Como se muestra en la Fig. 13.19 se disminuyó en un 40% la aparición de defectos en las piezas moldeadas. Los defectos como poro, grieta y rechupe, fueron reducidos gracias a la pronta detección de anomalías en el monitoreo de la temperatura de puntos críticos y al control que se estableció en los mismos.

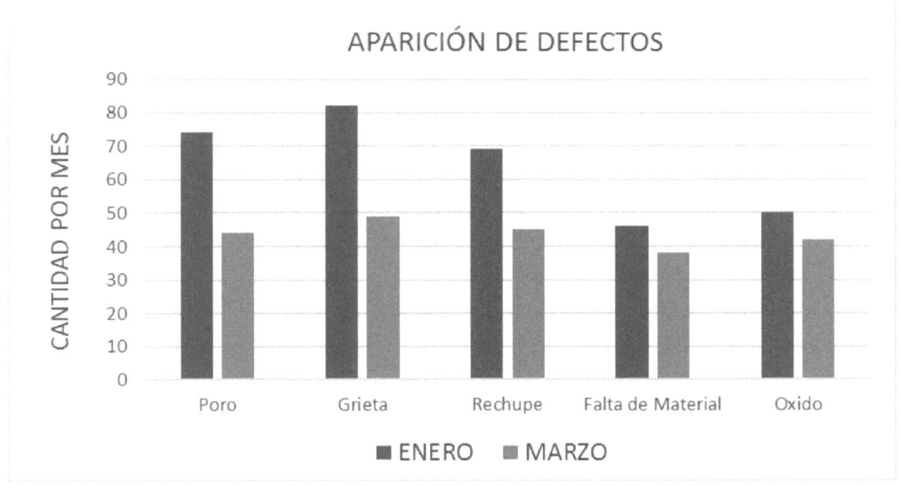

Fig. 13.19. Comparación de aparición de defectos en el modelo LADDER FRAME K2.

13. 7 Bibliografía

1. RENOVETEC. Mantenimiento Predictivo. Técnicas de Mantenimiento Condicional basadas en la medición de variables físicas.
2. Olarte, W., Botero, M., & Zabaleta, B. C. Aplicación de la termografía en el mantenimiento predictivo. Scientia et technica, 2(48), 253-256 (2011).
3. Alberto, C. G., & Araceli, P. A. N. Modelo de fundición para la fabricación de una caja eléctrica (Doctoral dissertation).
4. Kulkarni, S., Robust process development and scientific molding: theory and practice. Carl Hanser Verlag GmbH Co KG (2017).
5. Lahey, J.P., Launsby, R.G., Experimental Design for Injection Molding, Launsby, Colorado Springs, USA (1998)
6. Arenas-Alonso, A., Pagola-de-las-Heras, F. L., Palacios-Hielscher, R., Rodríguez-Pecharromán, R., & Vázquez-Arias, J. Paramento transparente activo (PTA) en aplicaciones de climatización (2007).

CAPÍTULO 14. LA RESPONSABILIDAD SOCIAL CORPORATIVA COMO DETONANTE EN LA INDUSTRIA Y LA SOCIEDAD

Alfredo Gutiérrez García, Área Industrial Eléctrica Y Electrónica, Universidad Tecnológica del Norte de Guanajuato, 37800 Dolores Hidalgo Cuna de la Independencia Nacional, Gto. México.

14.1. Introducción

En la actualidad la RSC (Responsabilidad Social Corporativa), en las empresas no solo es una tendencia que está en crecimiento exponencial, es de hecho una estrategia para aumentar las ventas y analizar a los Stakeholders (los grupos que pueden ser afectados por las actividades de las empresas); tan solo en dos mil diecisiete más de doscientas empresas obtuvieron dicho distintivo, en este sentido, esto ha trasportado un paradigma en la forma de hacer negocios y la manera de manufacturarlos, es decir, las organizaciones han comenzado a comprometerse con la sustentabilidad de la sociedad y los recursos naturales que, al mismo tiempo, estos redundan en costes bajos de fabricación. Por su parte, dicha necesidad ha estimulado a los sistemas de producción para adaptarse a los requerimientos de mercado objetivo y, es por ello que es un reto en las industrias manufactureras e ingeniería de los procesos para fomentar la salud ocupacional, la eficiencia/eficacia repuntando en las mejoras de la calidad de vida de la sociedad y no solo el cumplimiento de los reglamentos, leyes y normas que rigen al ente.

En lo que concierne al término “desarrollo sostenible” aparece por primera vez en un documento oficial en 1969, en un acuerdo para la Conservación de la Naturaleza entre 33 países de África. Y en el mismo año en Estados Unidos, la Agencia de Protección Ambiental EPA, por sus siglas en inglés, define el desarrollo sostenible como un: “desarrollo económico que pueda llevar beneficios para las generaciones actuales y futuras sin dañar a los recursos o los organismos biológicos en el planeta”[1].

En este sentido, esta nueva forma de manufacturar productos orientados al análisis se los Stakeholders, es introducido el término RSC, en un tema que consiste en el compromiso ético de las organizaciones. Esta nueva esencia de las estructuras lucrativas es la nueva ingeniería, los cuales se trascriben en beneficios tanto para los accionistas como para la población en general [2]. En este contexto la Canadian Business For Social Responsibility CBSR (por sus siglas en inglés), alude a que la responsabilidad social corporativa se traduce en la incursión de., Un juego responsable y los esfuerzos para abordar los problemas., Ganar y conservar la confianza de los clientes., Apoyar la participación de los empleados en las comunidades., Fortalecimiento de las comunidades., Reducir el impacto de los gases de efecto invernadero GEI (por sus siglas en ingles), en el medio ambiente [3].

En un ambiente tradicional para las empresas de la república mexicana, este tema es abordado por los directivos y dueños de las empresas pequeñas y medianas, como una simple falacia, o algo que genera más gastos y pérdida de tiempo en contraste con los beneficios esperados de la implementación de esta nueva forma de negocios, sin embargo la pregunta en cuestión es: si México, es una de las naciones con más tratados de libre comercio a nivel internacional, ¿es posible prescindir de un sistema de RSC y aun así hacer frente a las empresas internacionales en competitividad basada en el desarrollo, compromiso de los colaboradores, capacidad de producción y percepción en la mente de los consumidores como un referente y mejor marca que las nacionales?. La respuesta sin cavilar es ¡no! Esto es derivado de la forma de comercio en la que se encuentra el mercado internacional, el cual tiene los siguientes pilares básicos.

- Producción en masa para abaratar los costos.
- Instalar fábricas en naciones que cuentan con un nivel monetario devaluado para así bajar más sus costos.
- La ventaja en el intercambio de divisas.
- Los impuestos o sanciones a los aranceles y materias primas tanto para la exportación como para la importación.
- Las certificaciones requeridas a los proveedores para ajustarse a su cadena de suministro de las trasnacionales en ISO (9001, 26000, 14000 por mencionar las más comunes), RSC y demás normas internacionales, requisitos técnicos para asegurar la calidad de los productos o servicios.
- Las grandes campañas de marketing digital y emocional que inundan las redes sociales e internet.
- La orientación y sugestión de consumismo a marcas de la misma cadena o grupo empresarial.

Por ende, estos dos tipos de empresas antes mencionadas no pueden competir con las grandes y su destino es desaparecer o ser absorbidas por las trasnacionales. Por lo tanto, la exigencia a los directivos y dueños de este tipo de empresas es concientizarse, analizar, valuar y evaluar las estrategias que permitan a su patrimonio permanecer en el cuarto ciclo de vida de la empresa para consolidarse en la madurez por tiempo indeterminado, lo cual, en este tiempo de cambios rápidos, ha dejado de ser una alternativa, para convertirse en un requisito que se traduzca en la implementación de sistemas de calidad, reestructura organizacional responsabilidad social. Una muestra de los enfoques de esto es la manera en que los consumidores finales orientan su consumo hacia una marca que cuenta con el eco-etiquetado, con preferencia por encima de las que carecen del mismo[4].

Por lo tanto, es posible generalizar que cuando las corporaciones adoptan la RSC, se tienen que cumplir elementos como el voluntariado, compromiso social, ética, realizar acciones que contribuyan al mejoramiento del medio ambiente, calidad de vida de los trabajadores y la comunidad, no solo viendo a los intereses de los inversionistas y socios, además de promover la adaptabilidad con cambios rápidos [5]; por tal motivo y para incentivar el buen funcionamiento de la empresa, se diseña la logística e implementación de un sistema de RSC, a través de un plan que abarca, todos y cada uno de los indicadores sostenibles, sustentables, legales y sociales que se ajustan a la entidad lucrativa, todo en base a las normas mexicanas NOM, lo dispuesto por todas las regulaciones de la secretaria del trabajo y previsión social STPS, Ley federal de protección de datos personales en posesión de particulares LFPDPPP y la RSC.

14.2 Desarrollo del trabajo de investigación

Para lograr que la industrial logre adecuar sus requerimientos técnicos es necesario comenzar con la implementación de actividades que fomenten la salud ocupacional como bien se ha mencionado y, que además estos sean de trascendencia social, es decir, que se fomenten las buena prácticas, optimización e innovación de los procesos de manufactura. En este sentido es posible indicar que todas las prestaciones a las que tiene derecho el colaborador, no forman parte de este contexto, es por ello que el concepto es tratado con los siguientes ítems.

- La seguridad en el trabajo.
- El código de ética y conducta.
- El compromiso ambiental.

La correcta iluminación de las áreas de manufactura es sustancialmente importante, pues en este sentido, además de reducir los costos energéticos, disminuye los GEI emitidos a la atmosfera. Que para esta reseña el requerimiento energético de la iluminación artificial es necesario contar con un módulo mono o poli-cristalino de 156 mm. x 156 mm; el arreglo de celdas debe ser de 4 x 9 (36 pcs produce el poder calorífico), y una potencia de al menos 100 watts; además de lámparas led para optimizar su consumo de un voltaje de entrada de AC 100-265 Volts y al menos 400 lúmenes (unidad de medida de la luz que provoca un objeto por la reflexión del sol), y en su caso que se requiera la focalización de la luminiscencia [6], esta deberá realizarse mediante un ángulo convexo de ciento cuarenta grados, esta puede calcularse mediante la siguiente ecuación general de la parábola siguiente:

$$X^2 - 4X + 4Y + 2.5 = 0 \qquad \text{Ec. (1).}$$

Donde D=-4x; E=+4y y F=2.5

Y para calcular su espectro es necesario aplicar las siguientes formulas:

$$h = -\frac{D}{2};\ p = -\frac{E}{4};\ \ k = \frac{F-(h)^2}{4(p)} \qquad \text{Ec. (2).}$$

Siendo estas de la siguiente manera.

$$h = -\frac{-4}{2} = 2\ ;\ p = -\frac{4}{4} = -1;\ k = \frac{F-(2)^2}{4(-1)} = 0.375$$

El vértice de la parábola se calculará con la formula

$$V = (h.K) \qquad \text{Ec. (3).}$$

$$V = (2, 0.375)$$

El foco de la siguiente manera

$$F = (h, K + p) \qquad \text{Ec. (4).}$$

$$F = (2, -0.625)$$

Y el lado recto con la formula

$$LR = \| 4p \| \qquad \text{Ec. (5).}$$

$$LR = \| 4(-1) \| = 4$$

De esta manera, le grafica del espectro de la parábola convexa es la que se muestra en la Fig. 14.1.

.

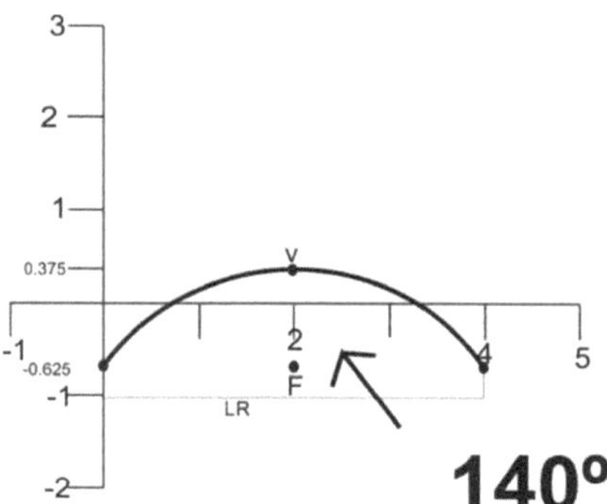

Figura 14.1. Grafica de la parábola convexa para el foco de lúmenes en la iluminación focal.

En esta línea las acciones referentes al compromiso social, están basadas en formular planes de educación continua y alfabetización. Un alfabetizador del INAEBA (organismo nacional para la alfabetización de los adultos), representa un costo promedio de $4,000.00 m.n. Mensuales, del mismo modo tiene una plataforma en la que se puede acceder al estudio de los sectores de readaptación social y alfabetización en línea., Diseñar y/o adecuar las instalaciones para la inserción de personal con capacidades diferentes, logrando la no discriminación. Esta actividad está sustentada también por el INAEBA, el cual cuenta con programas para lograr la inserción y reincorporación al mundo laboral en personas con capacidades auditivas, visuales y readaptación social el cual tiene también un costo promedio de $4,000.00 M.N., en este sentido dicho instituto cuenta con una plataforma virtual en la que las personas con nulo sentido auditivo pueden aprender y de esta manera alfabetizarlos[7].

Aunado a ello, una de las características que han tomado algunas organizaciones como actividades es el realizar acciones sociales como lo son: participar en los eventos filantrópicos del municipio como el apoyo a las campañas de fomento a los valores que promueve en desarrollo integral para la familia DIF municipal el día de la familia, del niño, de la madre, caravana navideña y de reyes. Y premiar con bono a los empleados que utilicen como medio de trasporte para acudir a sus actividades en la empresa la bicicleta. Además de aumentar la cooperación con las universidades, esto mediante el establecimiento de vacantes para estadías, además de las conferencias, tesis y proyectos de investigación como parte del Consejo Nacional de Ciencia y Tecnología Conacyt en el departamento destinado al Registro Nacional de Instituciones y Empresas Científicas y Tecnológicas RENIECyT el cual sirve de inscripción a las empresas e instituciones en esta materia para formar parte del registro nacional y contar con todo los necesario para la realización de dichos proyectos de investigación, de la misma forma en la cual se pueden obtener recursos para financiar los trabajos. En este sentido es necesario ingresar a su sitio web y seleccionar la opción "soy un usuario nuevo", posteriormente se llenan todos los campos en los que deberá proporcionar los datos de la empresa como lo es RFC, Razón social, Sector empresarial, Domicilio fiscal, medios de contacto con su empresa, Domicilio de residencia del representante legal y Anexar la cedula fiscal o Acta constitutiva de su empresa; finalmente se estima un tiempo de seis meses para obtener una respuesta a dicha petición, la cual puede ser aprobada y en caso contrario, contendrá criterios para subsanar o motivos de rechazo. Sin embargo, ¿cómo podemos vincular la RSC específicamente? o ¿A qué nos referimos con compromiso ambiental?, esta es toda acción que lucha contra el cambio climático utilizando fuentes de energía renovales al momento de diseñar edificaciones autosuficientes, pero también la no contaminación de los suelos con materiales peligrosos ya sean solidos o desechos, las emisiones de gases de efecto invernadero producidos por fuentes fijas o móviles, contaminación por ruidos, biomasas y los límites permisibles de vertidos contaminantes en aguas residuales[8] . En este sentido, tomaremos la última de estas fuentes para analizar cómo se el procedimiento que la compañía debe mantener desde dos perspectivas, la de compromiso empresarial y legal a la que está sujeta, con cumplimiento en las normas, leyes y reglamentos siguientes.

14.2.1. Ley general de equilibrio ecológico y de protección al ambiente

Prevé las acciones en pro del cuidado de los ecosistemas en materia de interés público a la sociedad fomentando el aprovechamiento sustentable[9], unas de estas acciones es la capación de aguas pluviales mediante dispositivos de procesamiento que la filtren y almacenen, es decir la que es producida por la lluvia y estas ser utilizadas en sistemas sanitarios, riego de áreas verdes entre otros lugares más donde se excluya la de consumo humano. De esta manera, la empresa puede ahorrar en sus costos tarifarios de agua potable en tiempos de lluvias, además de obtener apoyos económicos al implementar dichos proyectos, pues la presente ley en su artículo quince y veintidós establece tanto multas como incentivos a las empresas que protejan al medio ambiente o mitiguen su impacto; aunado a ello, es posible obtener también beneficios fiscales para la empresa como lo marca el articulo veintidós bis de la presente ley[10].

Tomando esto como base el articulo treinta y ocho proporciona las sustento legal para realizar el diseño de un sistema que contribuya a la captación de este tipo de fluidos y el articulo diecisiete bis norma la expedición de manuales para el manejo efectivo es este contexto, de esta manera, una instalación se compondrá de guías que dirijan a un lugar de almacenamiento el líquido, pasando antes por un filtro que elimine los desechos sólidos que arrastre la vertiente, ya en el depósito, este es bombeado para hacerlo circular al interior o áreas específicas de la empresa tal y como se muestra en la Fig. 14.2.

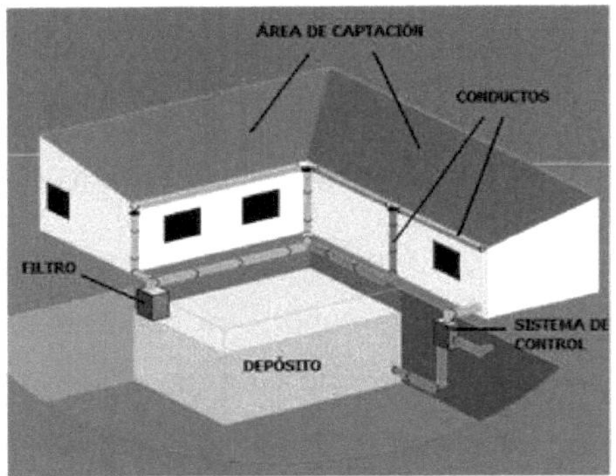

Figura 14.2. Sistema de captación de aguas pluviales.

14.2.2. Ley de aguas para el estado de Guanajuato

Al igual que al punto anterior se prevé el desarrollo sustentable de las aguas de jurisdicción estatal, es decir, el cuidado ambiental y manejo de los sistemas de saneamiento y alcantarillado que proporciona mediante organismos independientes en cada uno de los municipios, los cuales abarcan tanto el agua potable, el drenaje, alcantarillado y el tratamiento de aguas residuales. Por tal motivo la presente ley evoca a la participación social y empresarial en su artículo quince, así como la necesidad de contar con sistemas de uso eficiente del vital líquido en su artículo sesenta y seis, estos pueden ser los recolectores pluviales; la instalación de dispositivos ahorradores de agua como lavabos y sanitarios; mingitorios de uso en seco; regaderas y llaves de grifos con flujo restringido y/o de aspersión.

14.2.3. La Ley para la protección y preservación del ambiente

Es una normativa más que reglamenta el uso eficiente de los recursos como el agua, por lo cual de esta manera la empresa puede realizar actividades a favor, esto en base a los fundamentos de su artículo cincuenta y seis; siendo también sujeta a favorecer a las empresas que actúen responsablemente con la ayuda mutua para dar forma a proyectos correlacionados intrínsecamente con este tema o mediante asistencia de algún prestador de servicios en materia de cuidado ambiental, mismo que deberá contar con registro ante La Procuraduría Ambiental y de Ordenamiento Territorial del Estado de Guanajuato para dar validez oficial y cumplimiento a los dictámenes de la presente ley.

En su caso de solo realizar una auditoria en cuidado ambiental en la empresa en cuestión, el auditor deberá emitir un dictamen que represente el estado en el que se encuentra la organización y si esta cumple o no con las especificaciones, dicho documento deberá conservarse en medios impresos y magnéticos por un tiempo de tres años, igualmente si se tratase del seguimiento de una empresa, esta deberá al menos conservar los niveles adquiridos a la auditoria anterior para poder ostentar el distintivo de certificación de empresa limpia el cual tiene una vigencia de tres años y es expedido por la Procuraduría Federal de Protección al Ambiente PROFEPA ante la Secretaría de Medio Ambiente y Recursos Naturales SEMARNAT, cabe señalar que la certificación es totalmente gratuita, por lo que únicamente es necesario realizar las acciones mencionadas en este y al anterior punto, además de contar con las licencias y autorizaciones para el uso de suelo, agua, manejo y acciones en cuanto al ruido, seguridad e higiene, riesgo ambiental y aire[11].

Por su parte, la Norma oficial mexicana NOM-002-SEMARNAT-1996 que establece lo límites máximos permisibles de contaminantes en las descargas de aguas residuales a los sistemas de alcantarillado urbano o municipal, dichos parámetros y periodicidad de las muestras se representan en la Tabla 14.1 y Tabla 14.2.

Tabla 14.1. Límites máximos permisibles para descargas de aguas residuales en sistemas de alcantarillado.

PARÁMETROS (miligramos por litro, excepto cuando se especifique otra)	Promedio Mensual	Promedio Diario	Instantáneo
Grasas y Aceites	50	75	*100*
Sólidos Sedimentables (mililitros por litro)	5	*7.5*	*10*
Arsénico total	0.5	*0.75*	*1*
Cadmio total	0.5	*0.75*	*1*
Cianuro total	1	*1.5*	*2*
Cobre total	10	*15*	*20*
Cromo hexavalente	0.5	*0.75*	*1*
Mercurio total	0.01	*0.015*	*0.02*
Níquel total	4	*6*	*8*
Plomo total	1	*1.5*	*2*
Zinc total	6	*9*	*12*

Tabla 14.2. Frecuencia del muestreo.

HORAS POR DÍA QUE OPERA EL PROCESO GENERADOR DE LA DESCARGA	NÚMERO DE MUESTRAS SIMPLES	INTERVALO MÁXIMO ENTRE TOMA DE MUESTRAS SIMPLES (HORAS)	
		MÍNIMO	MÁXIMO
Menor que 4	Mínimo 2	- 1	- 2
De 4 a 8	4	2	3
Mayor que 8 y hasta 12	4	2	3
Mayor que 12 y hasta 18	6	3	4
Mayor que 18 y hasta 24	6		

Por su parte, al realizar dichas muestras, es necesario obtener un parámetro general para los documentos en los cuales se registrarán dichas ediciones, para lo cual es factible utilizar la siguiente formula donde VMSi =volumen de cada una de las muestras simples "i", litros. VMC=volumen de la muestra compuesta necesario para realizar la totalidad de los análisis de laboratorio requeridos, litros. Qi=caudal medido en la descarga en el momento de tomar la muestra simple, litros por segundo. Qt=Σ Qi hasta Qn, litros por segundo.

$$VMSi = VMCx\frac{Qi}{Qt}$$ Ec. (6).

14.3 Conclusiones

Al día de hoy es posible encontrar una ambigüedad en cuestión de lo que es la Responsabilidad Social Corporativa en las empresas, pues ésta se convierte en un mito que refleja el cumplimiento de los reglamentos a los que está sujeto el ente., sin embargo, esto ha aún no ha sido visto completamente como un detonante en cuestión de la ingeniería de los procesos, es por ello que en la vida laboral los ingenieros industriales se encuentran en una encrucijada el momento en que necesitan adaptar sus procesos de manufactura a los nuevos retos que demanda el mercado actual, en este sentido, el presente estudio solo ha tomado de referente unos cuantos indicadores que solo hacen alusión a los ítems que deben adecuarse, pues lastimosamente el tema es más amplio de lo que se puede analizar en el presente trabajo., más sin embrago, es importante mencionar que algunos de los pilares que se han tomado de referencia son aplicables a todos el contexto de la RSC para cualquier empresa, pues los procesos de fabricación deben adecuarse a la disminución de los gases de efecto invernadero y demanda nuevas estrategias de fabricación con nuevos estándares y aplicabilidad de la mejora continua, la eficiencia de los recursos y un análisis periódico estadístico para analizar la confiabilidad los equipos y la optimización de los mismos, así como la disminución de las desperdicios. Pero que, al mismo tiempo, este debe de repercutir no solo en la empresa, sino en la sociedad misma, es por ello que en este presente caso se habla de los Stakeholders, pues en ellos es donde debe ser enfocado cada uno de los recursos y estrategia de reestructura operacional y de maquila de los productos, además de que en la actualidad la sociedad es más consiente de los productos que consume y la forma en la como se producen, es por ello que la ingeniería es la parte esencial de la empresa, pues esto da un plus o una desventaja ante la mente e imagen del consumidor en este mundo interconectado donde una mala práctica se viriliza rápidamente mediante las redes sociales, lo cual ha reflejado la madurez de empresas, como el declive y perdidas millonarias de otras que, incluso las han llevado al cierre por tal motivo, la responsabilidad social corporativa es un detonante en la industria y la sociedad.

Agradecimientos

A la Universidad Tecnológica Del Norte De Guanajuato por el apoyo y la actividad sin precedentes de convocar a este tipo de eventos que, por las actividades docentes en la mayoría de las ocasiones, los profesores no contamos con el tiempo de investigar las fechas de entrega y participación.

14.4 Referencias

1. G. Vincentiis. Derecho Ambiental. La Evolución Del Concepto De Desarrollo Sostenible. 1 (2002)
2. Perdiguero, T., & García, A.. Desafios de la Gestión Empresarial. *La Responsabilidad Social de las Empresas Y los Nuevos.* España: Universidad de Valéncia. (2005)
3. Canadian Business For Social Responsibility. La Responsabilidad Social. (2018).
4. Capra, F. The turning point. Troquel. 1 (1982).
5. Covey, S. R. Paidós. Los 7 hábitos de la gente altamente efectiva : la revolución ética en la vicia cotidiana y en la empresa. (1959).

6. SECRETARIA DEL TRABAJO Y PREVISION SOCIALNORMA. Congreso de la Unón. Norma Oficial Mexicana NOM-025-STPS-2008, Condiciones de iluminación en los centros de trabajo. (2008).

7. INAEBA. Instituto de Alfabetización y Educación Básica para Adultos. (2018)

8. EISENHARDT, K. M. Academy of Management Review, 532-550. Building Theories from Case Study Research. (1989).

9. H. Congreso de la Unión. Cárama de Diputados. (2015). Ley para la Protección y preservación del Medio Ambiente. (2015)

10. H. Congreso de la Unión. Cámara de Diputados. Ley General del Equilibrio Ecológico y la Protección al Ambiente. (2018).

11. SEMARNAT. Manual de Sistemas de Manejo Ambiental. (2000)

Printed by Books on Demand GmbH, Norderstedt / Germany